"十四五"职业教育国家规划教材

"十二五"职业教育国家规划教材 修订版

经全国职业教育教材审定委员会审定

电气控制技术

第3版

主　编　苗玲玉　韩光坤　殷　红

副主编　张晓青　李　冰　王佳明

参　编　刘嘉慧　杨继斌　杨升远

机械工业出版社

本书是在"十二五"职业教育国家规划教材《电气控制技术》（第2版）基础上，根据教育部职成司《关于组织开展"十三五"职业教育国家规划教材建设工作的通知》及教育部新颁布的《高等职业学校专业教学标准（试行）》，同时参考电工职业资格标准，由三所学校和两家企业联合开发修订的校企合作教材。本书采用项目式教学方法，主要项目包括：使用接触器控制信号起停、使用时间继电器控制信号延时起停、三相笼型异步电动机全压起动控制、三相笼型异步电动机正反转控制、三相笼型异步电动机减压起动控制、双速异步电动机调速控制、三相异步电动机制动控制、CA6140型卧式车床电气控制、两级电动机顺序起动控制、两级电动机顺序起停控制、PLC控制的X6132型卧式万能铣床改造。本书可作为高等职业院校机电一体化技术、电气自动化技术专业教材，也可作为电气工人岗位培训教材。

为便于教学，本书配有电子教案、动画课件、教学视频、在线测试等数字化教学资源，选择本书作为授课教材的教师可来电（010-88379195）索取，或登录 www.cmpedu.com 网站，注册后免费下载。

图书在版编目（CIP）数据

电气控制技术/苗玲玉，韩光坤，殷红主编. —3 版. —北京：机械工业出版社，2021.4（2023.12 重印）
"十二五"职业教育国家规划教材：修订版
ISBN 978-7-111-67788-8

Ⅰ. ①电…　Ⅱ. ①苗…②韩…③殷…　Ⅲ. ①电气控制-高等职业教育-教材　Ⅳ. ①TM921.5

中国版本图书馆 CIP 数据核字（2021）第 049792 号

机械工业出版社（北京市百万庄大街 22 号　邮政编码 100037）
策划编辑：赵红梅　责任编辑：赵红梅　王　宁
责任校对：郑　婕　封面设计：张　静
责任印制：任维东
北京中兴印刷有限公司印刷
2023 年 12 月第 3 版第 8 次印刷
184mm×260mm·16.5 印张·404 千字
标准书号：ISBN 978-7-111-67788-8
定价：49.90 元

电话服务　　　　　　　　　　网络服务
客服电话：010-88361066　　机　工　官　网：www.cmpbook.com
　　　　　010-88379833　　机　工　官　博：weibo.com/cmp1952
　　　　　010-68326294　　金　书　网：www.golden-book.com
封底无防伪标均为盗版　机工教育服务网：www.cmpedu.com

关于"十四五"职业教育
国家规划教材的出版说明

为贯彻落实《中共中央关于认真学习宣传贯彻党的二十大精神的决定》《习近平新时代中国特色社会主义思想进课程教材指南》《职业院校教材管理办法》等文件精神，机械工业出版社与教材编写团队一道，认真执行思政内容进教材、进课堂、进头脑要求，尊重教育规律，遵循学科特点，对教材内容进行了更新，着力落实以下要求：

1. 提升教材铸魂育人功能，培育、践行社会主义核心价值观，教育引导学生树立共产主义远大理想和中国特色社会主义共同理想，坚定"四个自信"，厚植爱国主义情怀，把爱国情、强国志、报国行自觉融入建设社会主义现代化强国、实现中华民族伟大复兴的奋斗之中。同时，弘扬中华优秀传统文化，深入开展宪法法治教育。

2. 注重科学思维方法训练和科学伦理教育，培养学生探索未知、追求真理、勇攀科学高峰的责任感和使命感；强化学生工程伦理教育，培养学生精益求精的大国工匠精神，激发学生科技报国的家国情怀和使命担当。加快构建中国特色哲学社会科学学科体系、学术体系、话语体系。帮助学生了解相关专业和行业领域的国家战略、法律法规和相关政策，引导学生深入社会实践、关注现实问题，培育学生经世济民、诚信服务、德法兼修的职业素养。

3. 教育引导学生深刻理解并自觉实践各行业的职业精神、职业规范，增强职业责任感，培养遵纪守法、爱岗敬业、无私奉献、诚实守信、公道办事、开拓创新的职业品格和行为习惯。

在此基础上，及时更新教材知识内容，体现产业发展的新技术、新工艺、新规范、新标准。加强教材数字化建设，丰富配套资源，形成可听、可视、可练、可互动的融媒体教材。

教材建设需要各方的共同努力，也欢迎相关教材使用院校的师生及时反馈意见和建议，我们将认真组织力量进行研究，在后续重印及再版时吸纳改进，不断推动高质量教材出版。

机械工业出版社

前 言

　　本书是在"十二五"职业教育国家规划教材《电气控制技术》（第 2 版）基础上，根据教育部职成司《关于组织开展"十三五"职业教育国家规划教材建设工作的通知》及教育部新颁布的《高等职业学校专业教学标准（试行）》，同时参考电工职业资格标准，由三所学校和两家企业联合开发修订的校企合作教材。

　　本书修订时，充分吸纳教材使用反馈信息，是融课程建设、教材编写、配套资源开发、信息技术应用于一体统筹推进的新形态一体化教材，有如下特色：

　　1. 落实立德树人，有效融入课程思政

　　本书修订时，突出知识传授与能力培养并重，强化学生职业素养养成，从培养专业技能和职业素养目标开始，以解决实际问题的核心能力为纽带，结合教学环节和教学内容融入课程思政。例如，针对学生在实际操作时容易出错和混淆之处，引导学生养成善于观察、勤于思考的学习习惯；在项目实施过程中引导学生养成安全用电、遵守操作规程及 6S 管理规范、节能环保等职业素养。

　　2. "岗、课、赛、证"综合育人，注重与职业技能鉴定和大赛衔接

　　教材修订时结合高职学生特点，对接新的专业标准，立足电工岗位职业标准，充分考虑课程与职业技能鉴定和技能大赛的衔接，本着够用、实用的原则，注重对学生进行分层次培养，将项目实施结果评价标准与电工技能鉴定标准对接。同时将新技术、新知识、新工艺等内容贯穿其中，重点修订任务实施。

　　3. 校企合作开发实训项目，保持实训设备与现场同步升级

　　修订时，按照生产实际和岗位需求设计开发项目，着力突出教材的实用性与实践性，以任务驱动，新增三相异步电动机调速等项目，修订后基本涵盖了电动机常用的电气控制形式。每个项目按照现场实际的生产过程设置项目实施步骤，如清点电器、识读电路、选用电器、按图布线、整定电器、常规检查、通电试车及故障排除、清理工位、完成报告。

　　实训所有电器均与现场同步，特别是速度继电器和制动电阻这两个电器，是在企业工程师指导下配备的现场实际使用的电器，引领学生进入理论与实践有机结合的教学情境中，全面提升学生解决问题的实战经验和能力。

　　教材最后附有活页式项目报告，除了方便学习资料存档外，还有助于学生养成写工作报告的习惯。

　　4. 配套数字化教学资源，呈现形式新颖

　　本教材修订时，立足于学生学习实际，以学生为主体，围绕突出重点和突

破难点开发配套数字化教学资源，以提升学生自主学习、合作学习和个性化学习的能力。识图时，对照电路图配有原理文字分析、控制流程示意图，还可以扫码观看 Flash 动画演示。在突破电路检查和故障排除难点时，可以扫码观看微课；每个项目最后设有项目评测，可以扫码进行自测自评。本书还配套 PPT 课件、习题答案、模拟题库及答案，方便教师教学。

本书在内容处理上主要有以下几点说明：①本书建议教学学时为 70 学时左右，采用理论实践一体化教学为宜，建议实训学时不低于 50%，专业实训 1~2 周；②内容处理充分考虑与技能大赛的衔接，将传统接触器控制与可编程控制器有机结合进行铣床改造实训，将技能大赛内容与相关技能对接，培养学生综合运用知识的能力。

全书共 11 个项目，由辽宁轨道交通职业学院苗玲玉、沈阳城市建设学院韩光坤、辽宁轨道交通职业学院殷红任主编，辽宁轨道交通职业学院张晓青、李冰以及西安铁路职业技术学院王佳明任副主编，参加编写的还有辽宁轨道交通职业学院刘嘉慧、沈阳鼓风机集团杨继斌、沈阳远大智能工业集团股份有限公司杨升远。其中，苗玲玉编写项目 3、项目 11、附录 B，并负责统稿和图片处理；韩光坤编写项目 5 的任务 2 部分、项目 6、项目 7；殷红编写项目 8~项目 10；张晓青编写项目 1 项目实施部分、项目 2、项目 4 和视频资源录制；李冰编写项目 1 知识准备部分、附录 A 及项目 5 的任务 1 部分，并完成所有视频资源的后期制作；王佳明、刘嘉慧负责数字教学资源总体策划。本书为校企合作开发教材，杨继斌、杨升远对书中实训操作内容给出了建议和指导，在此表示衷心的感谢！

编写过程中，编者参阅了国内外出版的有关资料，得到了辽宁轨道交通职业学院电气工程系的大力支持，在此一并表示衷心感谢！

由于编者水平有限，书中不妥之处在所难免，恳请读者批评指正。

编　者

二维码索引

（续）

页码	名　　称	二维码	页码	名　　称	二维码
38	微课 2-2　时间继电器的使用通电试车		93	微课 5-1　串电阻减压起动主电路检查	
51	微课 3-1　全压起动-熔断器检查		94	微课 5-2　串电阻减压起动控制电路检查	
51	微课 3-2　全压起动-主电路检查		95	微课 5-3　串电阻减压起动通电试车	
52	微课 3-3　全压起动-控制电路检查		105	微课 5-4　星-三角换接减压起动主电路检查	
53	微课 3-4　全压起动-通电试车		107	微课 5-5　星-三角换接减压起动控制电路检查	
63	微课 4-1　正反转控制主电路检查		121	微课 6-1　双速电动机调速主电路检查	
65	微课 4-2　正反转控制 KM1 支路检查		121	微课 6-2　双速电动机调速控制电路检查	
66	微课 4-3　正反转控制 KM2 支路检查		123	微课 6-3　双速电动机调速通电试车	
79	微课 4-4　自动往复循环控制 KM1 支路检查		136	微课 7-1　速度控制反接制动主电路检查	
81	微课 4-5　自动往复循环控制 KM2 支路检查		138	微课 7-2　速度控制反接制动控制电路检查	

（续）

页码	名　　称	二维码	页码	名　　称	二维码
139	微课 7-3　速度控制反接制动通电试车		177	微课 9-2　两级顺序起动控制电路检查	
158	微课 8-1　CA6140 型卧式车床主电路检查		180	微课 9-3　两级顺序起动通电试车	
161	微课 8-2　CA6140 型卧式车床控制电路检查		197	微课 10-1　两级顺序起停控制电路检查	
163	微课 8-3　CA6140 型卧式车床通电试车		201	微课 10-2　两级顺序起停通电试车	
176	微课 9-1　两级顺序起动主电路检查				

目　录

项目1 使用接触器控制信号起停

项目描述

按照给定电路图，用1个断路器、1个接触器、2个控制按钮实现对信号指示灯起停的控制。要求按下起动按钮后，信号灯亮；按下停止按钮后，信号灯灭。

项目目标

1. 了解电工职业技能鉴定要求，熟知常用电器国家标准及应用规范。
2. 能识别按钮、行程开关、刀开关、熔断器、接触器、断路器，并会检测其好坏。
3. 会读图，能按照安全操作规程按图布线，会用万用表进行电路检查。
4. 能处理常见故障。
5. 构建理实相容的学习理念。

知识准备

一、电工职业技能鉴定要求

根据《国家职业技能标准　电工》的技能要求，节选出电气控制的重点考核项目，以供学习电气控制技术时参考。

（一）工具及电工仪表选用

1. 项目要求分析

工具、仪表的使用不正确，会影响工作进程，或造成判断上的重大错误并可能产生严重的后果。电工要求根据工作任务正确选用工具、量具、电工仪表，要求考生一定要熟悉常用工具、电动工具及仪表的正确使用与维护，严格执行其安全操作规程。

2. 考核要求

（1）工具的使用　要求掌握旋具、验电器、剥线钳、电工刀等常用工具的用途和使用方法。工具使用前应进行检查，确认正常后，方可使用。

（2）仪表选用及使用方法要求　要求掌握万用表、绝缘电阻表、钳形电流表及电能表等仪表选用及使用方法；会使用万用表进行电阻、电流、电压等测量，会使用绝缘电阻表测量绝缘电阻，会使用钳形电流表测量交流电流；测量准备工作要求准确到位，测量过程要求准确无误，测量结果要求在允许误差范围之内。

（3）工具、仪表的维护保养　能对使用的电动工具、仪表进行简单必要的维护保养。

3. 学习指导

在电工操作技能考核中，一定要掌握常用工具、万用表、绝缘电阻表、钳形电流表的使用方法，对其维护的内容了解即可。在实际练习和考试中要注意如下事项：

1）使用万用表测量前需检查转换开关是否拨在所测档的位置上，转换开关位置不得放错。

2）万用表绝不能出现用电阻档去测量电流或电压的情况。

3）测量直流电流、电压时要注意万用表的极性，以免发生指针反偏、严重时会损坏仪表的现象。

4）测量电阻前，应先对仪表进行"欧姆调零"。测量时，被测电路应先断开电源，不得测量"带电的电阻"。

5）对被测值的范围不清楚时，应先用最高量程进行测量，再根据指针位置将转换开关拨到合适的量程上进行测量，所选用的倍率档或量程档应使指针处于表盘标尺的中间偏右段。

6）在测量电流或电压时，不得带电转动转换开关。

7）操作人员的身体不得接触万用表的金属裸露部分，以免因仪表损坏漏电造成触电事故。

8）测量完毕，应将转换开关转到交流电压最高档，防止下次使用时对万用表造成损坏。

（二）低压电器的拆装维修

1. 项目要求分析

从检修经济观点出发，损坏的电器装置，在不降低技术要求的情况下，凡能进行修复的应尽量修复。

（1）低压电器的拆装步骤

1）仔细观察低压电器的动作原理及结构特点。

2）按顺序逐步拆卸电器零件。

3）记录其主要零件的名称及作用。

4）按拆卸逆序装配电器零件，并检查是否恢复到未拆装前的外观和功能。

（2）常用低压电器装置的检修工艺要求

1）必须采用正确的修理方法和步骤。

2）不得损坏完好的零部件。

3）不得降低电器装置固有的性能。

4）修理后能满足质量标准要求。

（3）低压电器装置的检修质量标准

1）外观完整，无破损和炭化现象。

2）所有的触点均应完整、光洁，接触良好。

3）压力弹簧和反作用力弹簧应具有足够的弹力。

4）操纵、复位机构都必须灵活可靠。

5）各种衔铁无卡阻现象。

6) 灭弧罩完整、清洁，安装牢固。

7) 整定数值大小应符合电路使用要求。

8) 指示装置能正常发出信号。

9) 电磁吸盘的吸力能满足要求。

10) 绝缘电阻合格，通电试验能符合和满足电路要求。

2. 考核要求

1) 能根据低压电器的结构特点选择适当的拆装工具。

2) 从外到内将电器的零部件一一拆卸，并按顺序观察、辨别、标记并记录。拆除零件时，一方面要选用合适的旋具，用力均匀，防止滑丝；另一方面，还要防止弹簧、垫片、螺钉的弹跳，以免丢失。

3) 拆卸完成后，观察每一个零部件，并记录其结构特点。

4) 按拆卸的逆序将已拆开的零部件重新装配，装配时要注意使各个部件装配到位、动作灵活。

3. 学习指导

要了解常用低压电器的结构、动作原理及相关技术数据，要正确掌握拆装和修理要求，特别是要掌握操作步骤及注意事项，防止在修理过程中损坏电器。要了解常用低压电器常见故障及处理方法，并能够对其故障进行修复。

（三）继电控制电路的安装与调试

1. 项目要求分析

继电控制电路种类很多，涉及面广。继电控制电路是根据生产机械的需要而设计的，如电动机的起动、停止、反转、制动、调速等控制电路，所以电路的复杂程度也就不尽相同，但是它们都由基本控制电路等环节构成，虽然电路不同，复杂程度不同，但安装要求、步骤、通电前的检查和通电试运行等都有一定的共同规律和共同遵守的标准，要求考生掌握。考生特别要掌握三相异步电动机起动控制电路、正反转控制电路、多处起动控制电路、星-三角减压起动控制电路和电磁抱闸制动控制电路的安装与调试。继电控制电路的安装与调试一定要在懂得电路原理的基础上进行，否则无法完成电路安装、调试与维修。

2. 考核要求

1) 正确识图，理解电气工作原理。

2) 按照考核图样的要求，正确、熟练地安装线路。元件在配线板上布置要合理、安装要正确、紧固要适当，按钮盒不固定在板上。掌握软、硬线两种配线方法，配线要求紧固、美观，导线要垂直进入接线柱。

3) 电源和电动机配线、按钮接线要接到端子排上，要注明引出端子编号。导线不能乱引线敷设。

4) 通电试车。在保证人身和设备安全的前提下进行通电试车，通电试车要求一次成功。

3. 学习指导

要掌握继电控制电路的安装、调试与维修，首先要注意以下几个方面的练习：

（1）加强电气原理图识图的训练 识图是继电控制电路的安装、调试与维修的关键，它是电路安装、调试与维修的基础知识。

（2）正确掌握电路安装步骤

1）在电气原理图上编写线号。

2）按电气原理图及负载电动机功率的大小配齐电气元件，并检查电气元件。检查电气元件时，应注意以下几点：

① 外观检查。检查外壳有无裂纹，各接线桩螺栓有无生锈，零部件是否齐全。

② 电气元件的电磁机构动作是否灵活，有无衔铁卡阻等不正常现象。用万用表检查电磁线圈的通断情况。

③ 检查电气元件触点有无熔焊、变形、严重氧化锈蚀等现象，核对各电气元件的电压等级、电流容量、触点数目及开闭状况等。

3）确定电气元件的安装位置。在确定电气元件的安装位置时，应做到既要安装时方便布线，又要便于检修。

4）固定、安装电气元件后，进行电气安装接线图的绘制，若电气控制线路较简单，可不必绘制电气安装接线图。

5）按电气安装接线图进行配线。

（3）正确理解电路安装要求

1）电气元件的固定。电气元件固定应牢固可靠、排列整齐，紧固元件时要防止电气元件的外壳压裂损坏。

2）电路的配线。电路的配线是按电气安装接线图确定的走线方向进行的，可先对主电路配线，也可先配控制电路，但是一般先进行控制电路配线，后进行主电路配线，以不妨碍后配线为原则。对于明敷设的导线，走线应合理，尽量避免交叉，做到横平竖直。敷设线路时不得损伤导线绝缘及线芯。所有配线从一个接线柱到另一个接线柱的导线必须是连续的，中间不能有接头。接线时，可根据接线柱的情况，将导线直接压接或将导线按顺时针方向弯成稍大于螺栓直径的圆环，加上金属垫圈压接。

3）线号套管必须齐全。主电路和控制电路的线号套管必须齐全，每一根导线的两端都必须穿上线号套管。线号套管上的线号可用环乙酮与龙胆紫调和的颜料书写，不易褪色。在遇到6和9或16和91这类倒、顺都能读数的号码时，必须做记号加以区别，以免造成线号混淆。

（4）通电前的检查　安装完毕的控制电路板必须经过认真检查后，才能通电试车，以防错接、漏接造成不能实现控制功能或短路事故。主要检查的内容有：

1）按照电气原理图或电气安装接线图从电源端开始，逐段由上至下、由左至右核对接线及接线端子处线号套管有无错误。重点检查主电路有无漏接、错接及控制电路中容易接错之处。检查导线压接是否牢固、接触是否良好，以免带负载运转时产生打弧现象。

2）用万用表检查电路的通断情况。可先断开控制电路熔断器处，用万用表欧姆档检查主电路有无短路现象。然后断开主电路熔断器处，再检查控制电路有无开路或短路现象，自锁、联锁装置的动作是否正确可靠。

3）用500V绝缘电阻表检查电路及用电器的绝缘电阻，应不小于$1M\Omega$。

（5）通电试运行　为保证人身安全，在通电试运行时，应认真执行安全操作规程的有关规定，一人监护，一人操作。通电试运行前应检查与通电试运行有关的电气设备是否有不安全因素存在，查出后应立即修改，经检查确认无误后方能通电试运行。通电试运行的步骤如下：

1）空载试运行。接通三相电源，合上电源开关，用低压验电器检查熔断器出线端是否有电，若氖管亮，则电源接通，熔断器完好。分别操作起动、停止按钮，观察接触器动作情况是否正常，是否符合电路功能要求；同时观察电气元件动作是否灵活，有无卡阻及噪声过大等现象，有无异味；检查负载接线端子三相电源是否正常。经反复几次操作，均正常后方可进行带负载试运行。

2）带负载试运行。带负载运行前，应先接上电动机连接线，再接三相电源线，经检查接线无误后，合闸送电。按控制原理起动电动机，当电动机平稳运行时，用钳形电流表测量三相电流是否平衡。通电试运行完毕，电动机停止运行，断开电源。先拆除三相电源线，再拆除电动机进线，完成通电试运行。

（6）注意事项

1）电动机及按钮的金属外壳必须可靠接地。

2）接至电动机的导线必须穿在导线通道内加以保护，或采用四芯橡胶线或塑料护套线进行临时通电校验。

3）电源线应接在螺旋式熔断器的下接线柱上，出线则应接在上接线柱上。

4）熔断器在低压配电系统和电力拖动系统中主要起短路保护作用，因此熔断器属于短路保护电器。

5）按钮作为主令电器，当作为停止按钮时，其按钮前面颜色应选红色。

（四）继电控制电路的检修

1. 项目要求分析

在电工操作技能鉴定中，继电控制电路检修的考核主要是能进行三相异步电动机起动控制电路、正反转控制电路、多处起动控制电路、丫-△换接减压起动控制电路等故障的检查及故障排除。一般设隐蔽故障三处，其中主电路一处，控制电路两处。上述控制电路的检修思路与方法基本相同，首先要掌握控制电路工作原理图及电气安装接线图，根据故障现象，分析出可能的原因，其次要掌握检修步骤和方法。

2. 考核要求

（1）调查研究   根据故障现象对每个故障进行调查研究。

（2）故障分析   在电气控制线路上分析故障可能的原因，思路、方法及步骤正确。

（3）故障排除   能正确使用工具和仪表，找出故障点并排除故障。

（4）其他   故障检修中操作有误，扩大故障范围，损坏电气元件，要从此项总分中扣分。

3. 学习指导

（1）继电控制电路故障的检修步骤

1）根据调查研究，确定故障点及原因。

2）根据故障现象，依据原理图，找到故障发生的部位或故障发生的回路，并尽可能地缩小故障范围。

3）根据故障部位或回路找出故障点。

4）根据故障点的不同情况，采取正确的检修方法，排除故障。

5）通电空载校验或局部空载校验。

6）正常试车运行。

总之，在以上检修步骤中，找出故障点是检修工作的难点和重点。在寻找故障点时，首先根据现象分清发生故障的原因是属于电气故障还是机械故障；同时，还要分清故障原因是属于电气线路故障，还是电气元件的机械结构故障等。确定故障点要用推理的方法，思路一定要清晰，根据故障现象，依据原理图，分析故障范围和原因，判断故障点，找出故障原因，最后排除故障。

（2）继电控制电路故障检查和分析方法　常用的继电控制电路故障检查和分析方法有调查研究法、外观检查法、试验法、逻辑分析法和测量法等。

一般情况下，调查研究法可以帮助考生确定出故障线索；试验法不仅能找出故障现象，而且还能找到故障部位或故障回路；逻辑分析法是缩小故障范围的有效方法；测量法是找出故障点的基本、可靠和有效的方法。

故障检修关键在于对故障的分析和查找，而分析的依据是继电控制电路原理图和故障现象，通过调查研究可以确定故障范围和故障点。对于简单的控制电路，可以采用外观检查法，通过"问""看""听""摸"的方法做出判断；对于复杂的控制电路，则必须很好地分析研究系统原理，采用逻辑分析与测试判断相结合的方法。在检查和分析复杂故障时，并不是采用一种方法就能找出故障点，而是往往需要几种方法同时进行，才能迅速找出故障点。分析检查故障的具体方法如下：

1）调查研究法。调查研究是向机床操作工人了解故障的详细情况及具体的症状和故障现象，帮助检修人员准确把握故障范围，使检修工作更有针对性。

2）外观检查法。对于简单控制电路，可以采用"问""看""听""摸"的方法，根据故障属于哪个部分，先进行一般性的外观检查，如属于控制电路部分的故障，应检查各电气元件有无破裂、变色、烧痕，接点有无脱落等；但对于较复杂的控制电路，若采用逐级检查方法，不仅需耗费大量时间，而且也容易产生遗漏。因此，在检修故障时需要采取以准确为前提、快速为目的的分析及检查方法。

3）直接通电试验法。根据故障现象，通过通电试验法仔细观察各电气元件的动作情况，再根据控制原理，分析故障原因，逐一排除故障回路中的公共支路上的故障存在，从而缩小故障范围。直接通电试验法是在不损坏电气和机械设备的条件下直接通电试验，或去掉负载进行试验，以分清故障可能的范围。

4）逻辑分析法。逻辑分析法是根据电气控制电路的工作原理、控制环节的动作程序以及它们之间的联系，结合故障现象做出具体的分析。这种方法是以掌握基本情况比较准为前提的，特别适用于复杂电路的故障检查。

5）测量检查法。一般外观检查不易找出故障点，而采用测量法是找到故障点的一种有效的检查方法，但必须注意，在使用万用表、验电器、校验灯等进行测量时，要防止由于感应电、回路电及其他并联支路的影响而产生误判。

（3）继电控制电路故障检修应注意的问题

1）通电测试电路时，要尽量将执行机构脱开，将调节器、转换开关及行程开关置于零位，或将主电路开路。

2）通电检查时，首先检查电源电压是否正常，是否缺相，相序如何，电流、电压是否平衡，然后再检查其他故障。

3）先检查与修理控制电路，再检查与修理主电路，最后进行整体测试。

4）要先易后难，逐步深入。先查开关电路、控制环节，每次检查的范围不宜太大。

5）找出故障点后，要针对不同故障情况和部位相应地采取正确的排除方法，不要轻易采取更换电气元件和补线等方法，更不要轻易改动电路或更换规格不同的电气元件，以防止产生人为故障。

6）故障排除后，要注意总结经验，积累资料，做好检修记录，以便今后再出现这种故障时能迅速排除。

总之，在实际检修工作中，电动机控制电路的故障是千变万化的，即使是同一种故障现象，发生故障的部位也是不一定的。因此，采用以上故障检修步骤和方法时，不要生搬硬套，而应按不同的故障情况灵活运用，力求准确、迅速地找出故障点，并且查明故障原因，及时、正确地排除故障。检修时一定要注意安全，检修方法及步骤的思路要清晰。

思考一

电灯开关算电器吗？生活、生产中都有哪些常用电器呢？

电器就是电能的控制器具，它能对电能进行分配、控制和调节，其控制作用就是接通或断开电路中的电流，因此，"开"和"关"是其最基本和最典型的功能。

二、了解电器的分类

电器按其工作电压的高低，以交流1000V、直流1500V为界，可划分为高压电器和低压电器两大类。高压电器是在高压电路中用来实现关合、开断、保护、控制、调节和测量的设备。高压电器一般包括开关电器、测量电器和限流、限压电器。低压电器是一种能根据外界的信号和要求，手动或自动地接通、断开电路，以实现对电路或非电对象的切换、控制、保护、检测、变换和调节的元件或设备。

本书重点介绍低压电器。低压电器的种类很多，分类的方法也很多。

（1）**按工作原理分** 可分为电磁式电器和非电量控制电器。电磁式电器依据电磁感应原理来工作，如接触器、各类电磁式继电器；非电量控制电器是指靠外力或者某种非电物理量控制的电器，如按钮、行程开关、刀开关、速度继电器和压力继电器等。

（2）**按操作方式分** 可分为自动切换电器和非自动切换电器。自动切换电器主要借助于电磁力或某个物理量的变化自动进行操作，如接触器和各种类型的继电器等；非自动切换电器是用手或依靠机械力进行操作的，如各种手动开关、控制按钮或行程开关等。

（3）**按用途分** 可分为控制电器、主令电器、保护电器、配电电器和执行电器。控制电器是用于各种控制电路和控制系统中的电器，如接触器等；主令电器是发送控制指令的电器，如控制按钮、行程开关等；保护电器是用于保护电路及用电设备的电器，如熔断器、热继电器等；配电电器是用于电能的输送和分配的电器，如刀开关、断路器等；执行电器是用于完成某种动作或者传动功能的电器，如电磁铁等。

三、认识常用电器

（一）控制按钮

1. 控制按钮的原理及符号

控制按钮的作用主要是发布命令以控制其他电器的动作和短时接通或断开小电流电路，其结构原理及符号如图 1-1a、b 所示，外形如图 1-1c 所示。

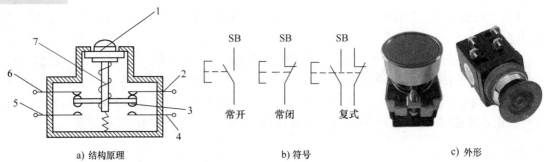

a) 结构原理   b) 符号   c) 外形

图 1-1　控制按钮

1—按钮　2、4、5、6—静触点　3—动触点　7—弹簧

由于按钮的触点允许通过的电流较小，一般不超过 5A，因此按钮不用来直接控制主电路的通断，而是用在控制电路中发出"命令"去控制接触器、继电器等，再由它们来控制主电路。

在常态（未加外力）时，按钮的静触点 2、6 与桥式动触点 3 闭合，所以习惯上称为常闭触点；静触点 4、5 与桥式动触点 3 分断，称为常开触点。

当按下按钮时，静触点 2、6 先和桥式动触点 3 分断，所以这两个触点也称为动断触点；然后静触点 4、5 再和桥式动触点 3 闭合，这两个触点也称为动合触点。

按下按钮时，常闭触点先断开，常开触点再闭合；按下后再放开时，由于复位弹簧的作用，常开触点先恢复断开状态，常闭触点再恢复闭合状态。控制按钮的电气符号如图 1-1b 所示，用虚线将属于同一按钮的常开和常闭触点连接起来，表示它们是相互关联的。

2. 控制按钮的技术参数

常用控制按钮的主要技术参数见表 1-1。

表 1-1　常用控制按钮的主要技术参数

型号	额定电压/V	额定电流/A	结构形式	触点对数		按钮数	按钮颜色
				常开	常闭		
LA2	交流：500 直流：400	5	元件	1	1	1	黑、绿、红
LA10-2K			开启式	2	2	2	黑、红或绿、红
LA10-3K			开启式	3	3	3	黑、绿、红
LA10-2H			保护式	2	2	2	黑、红或绿、红
LA10-3H			保护式	3	3	3	黑、绿、红

> **温馨提示**
>
> **了解电工规范**
>
> 在面板上安装按钮时应该排列合理，可根据电动机起动的先后顺序，将按钮从上到下或者从左到右排列。
>
> 安装按钮时应固定牢固。不同颜色的按钮代表不同的用途，一般习惯用红色按钮表示停车，用绿色或者黑色按钮表示起动或者通电。

（二）行程开关

行程开关又称限位开关或者位置开关，是一种利用生产机械运动部件的碰撞使触点动作从而切换电路的电器，其作用主要是限定运动部件的行程。从结构来看，行程开关包括三个部分：操作机构、触点系统和外壳。

行程开关的种类很多，按其运动形式不同分为直动式和转动式；按其操作机构结构不同可以分为直动式、滚动式和微动式；按其触点性质不同分为有触点式和无触点式。图 1-2 所示为多种行程开关外形。

下面重点介绍有触点的行程开关。这种行程开关利用机械运动部件的碰撞来控制触点动作，从而控制生产机械的运动方向、行程大小和进行位置保护等。当行程开关用于位置保护时，也称作限位开关。行程开关的符号如图 1-3 所示。

图 1-2　多种行程开关外形

1. 直动式行程开关

直动式行程开关的优点是结构简单、成本较低；缺点是触点的分合速度取决于撞块的移动速度。若撞块移动速度过慢，则触点不能瞬时切断电路，致使电弧在触点上停留的时间过长，容易烧蚀触点。因此，这种开关不宜用于撞块移动速度小于 0.4m/min 的场合。

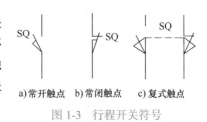

a)常开触点　b)常闭触点　c)复式触点

图 1-3　行程开关符号

2. 滚动式行程开关

滚动式行程开关的优点是触点的通断速度不受运动部件速度的影响，动作快；缺点是结构复杂、价格较高。

3. 微动式行程开关

微动式行程开关的优点是：

1）外形尺寸小、质量轻。

2）推杆的动作行程小，灵敏度较高。

3）推杆动作压力小，只需 50~70N 就能使其动作。

微动行程开关的缺点是不耐用。

 温馨提示　**熟悉安全操作规程**
行程开关应牢固安装在安装板或机械设备上，不得有晃动现象。在安装过程中，要将挡块和推杆及滚轮的安装距离调整适当。

（三）刀开关

刀开关是手动电器中结构最简单的一种。它由操作手柄、刀刃、静刀夹和绝缘底板组成。推动手柄，将刀刃紧紧地插入刀夹中，电路就被接通。

1．刀开关种类及符号

刀开关的种类很多，有几十种规格，常用型号有 HK1-15、HK1-30 和 HK1-60 等。刀开关型号及含义如图 1-4 所示。

常见的刀开关型号中字母的含义如下：

K——开启式负荷开关；

R——熔断器式刀开关；

H——半封闭式负荷开关；

Z——组合开关。

如 HK1-60 的含义是开启式负荷开关、第 1 次设计、额定电流为 60A，三极，其外形如图 1-5 所示。

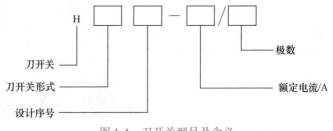

图 1-4　刀开关型号及含义

通常根据刀片的数量不同，刀开关可分为三类：单极刀开关、双极刀开关、三极刀开关。三极刀开关的符号如图 1-6a 所示。

由于刀开关的体积较大、操作费力，每小时内允许的接通次数很少。因此，刀开关主要用在车间的配电电路中作为电源的引入开关或隔离开关，主要用来接通或切断长期工作设备的电源。三级电源隔离开关的电路符号如图 1-6b 所示。

图 1-5　刀开关外形

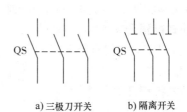

a) 三极刀开关　　b) 隔离开关

图 1-6　刀开关的符号

<table>
<tr><td rowspan="2">

>>> 温馨提示

</td><td>

熟悉安全操作规程

</td></tr>
<tr><td>

　　安装刀开关时，手柄要向上，不得倒装或平装，避免刀开关自动下落引起误动作合闸。

　　接线时，电源线接在上端，负载线接在下端，以防止可能发生的意外事故。

</td></tr>
</table>

2. 刀开关主要技术参数

刀开关主要技术参数包括额定电压、额定电流和分断能力。

额定电压是刀开关长期正常工作能承受的最高电压；额定电流是刀开关在接通位置上允许长期通过的最大工作电流；分断能力是刀开关在额定电压下能可靠分断的最大电流。刀开关主要技术参数见表1-2。

表 1-2　刀开关主要技术参数

型号	极数	额定电流/A	额定电压/V	可控制电动机最大容量/kW	配用熔丝规格			
					熔丝直径/mm	熔丝成分		
						铅	锡	锑
HK1-15/2	2	15	220	1.5	1.45~1.59	98%	1%	1%
HK1-30/2	2	30	220	3.0	2.30~2.52			
HK1-60/2	2	60	220	4.5	3.36~4.00			
HK1-15/3	3	15	380	2.2	1.45~1.59			
HK1-30/3	3	30	380	4.0	2.30~2.52			
HK1-60/3	3	60	380	5.5	3.36~4.00			

3. 转换开关

转换开关也称组合开关，是刀开关中的一种，常见型号有 HZ5、HZ10、HZ15 系列，其外形和符号如图1-7所示。

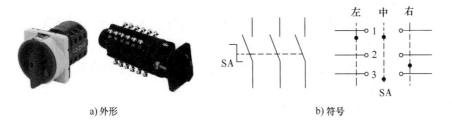

a) 外形　　　　　　　　　　　　b) 符号

图 1-7　转换开关

图1-7b 右图中，3 条虚线代表该转换开关有 3 个档位：左、中、右；每个档位上面的实心圆黑点代表触点在这个档位上是通的。当转换开关打到左侧档位时，第 1 对触点接通；当转换开关打到中间档位时，第 1 对和第 3 对触点接通；当转换开关打到右边档位时，第 2 对触点接通。

思考二

那我们家里的电灯开关是属于控制按钮呢？还是转换开关呢？控制按钮和转换开关有什么区别呢？

电灯开关是最简单的转换开关，转换开关 SA 和控制按钮 SB 的区别在于：一般的控制按钮 SB 按下时触点动作，松开时各触点复位；而转换开关 SA 转换到某个档位时其触点动作并保持动作状态不变，如将电灯开关转换到"开"的位置时，触点动作，即使松开，触点状态也不会改变。

（四）接触器

接触器是用来接通或切断电动机或其他负载主电路的一种控制电器，通常分为交流接触器和直流接触器，这里以常用的交流接触器为例进行说明。

1. 接触器的结构

接触器由电磁机构、触点系统、弹簧、灭弧装置和支架底座等部分组成，其结构原理如图 1-8 所示。

（1）电磁机构　电磁机构的作用是将电磁能转化成机械能并带动触点动作，通常采用电磁铁的形式，由吸引线圈、铁心及衔铁等组成。为减小涡流的影响，铁心和衔铁大都用成形的硅钢片叠成。

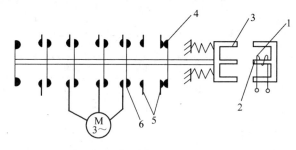

图 1-8　接触器结构原理图

1—线圈　2—铁心　3—衔铁　4、6—动触点　5—静触点

（2）触点系统　触点系统包括三对主触点和数对辅助触点，一般采用桥式触点结构。主触点体积较大，允许通过电流大，用于通断主电路，多为三对常开触点；辅助触点体积较小，允许通过的电流也较小，只能通断控制电路，通常有两对常开触点和两对常闭触点。

（3）灭弧装置　当触点分断通电的电路时，如果触点电压在 10～20V，电流为 80～100mA，在拉开的两个触点间将出现强烈的电火花。电火花是一种气体放电现象，通常称为电弧。为减轻电弧对触点的烧蚀作用，通常采用灭弧装置。常用的灭弧装置有磁吹式灭弧装置、灭弧栅、灭弧罩等。

2. 接触器的工作原理

当接触器的线圈加上交流电压时，线圈内将流通交变电流。于是在衔铁和静铁心组成的磁路中产生磁通，从而产生电磁吸力。当电磁吸力大于弹簧的反作用力时，衔铁就被吸合。这时所有固定在绝缘支架上的动触点也被拉下，辅助常闭触点打开，主触点、辅助常开触点闭合。当外加电压消失后，电磁力消失，衔铁在弹簧反作用力作用下恢复原位，触点系统恢复原状。接触器外形如图 1-9 所示，接触器的符号如图 1-10 所示。

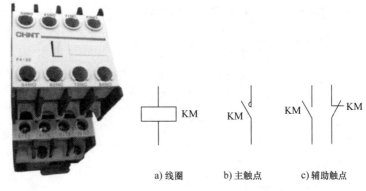

a) 线圈　　　b) 主触点　　　c) 辅助触点

图 1-9　接触器外形

图 1-10　接触器的符号

国产交流接触器的常用型号有 CJ10、CJ20 和 CJ40 等，其含义如图 1-11 所示。

3. 接触器的技术参数

交流接触器主要技术参数包括额定电压、额定电流和线圈额定电压。

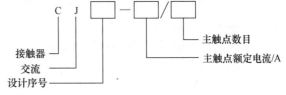

图 1-11　交流接触器的型号及含义

（1）额定电压　是交流接触器的主触点长期工作所能承受的最大电压。根据我国电压标准，接触器常用的额定电压为交流 220V、380V、660V 等。

（2）额定电流　是接触器的主触点在额定工作条件下允许长期通过的最大电流。我国目前生产的接触器额定电流一般小于或等于 630A。

（3）线圈额定电压　是交流接触器励磁线圈长期正常工作所能承受的最高电压。

交流接触器技术参数还有通断能力、额定频率、线圈功率、操作频率等，CJ20 系列交流接触器的技术参数见表 1-3。

表 1-3　CJ20 系列交流接触器的技术参数

型号	频率/Hz	线圈额定电压	(AC-3, 380V) 额定工作电流/A	可控电动机最大功率/kW		操作频率/小时	AC-3 电寿命/万次	辅助触头			
				380V	220V			额定电压/V	额定电流/A	额定控制容量/V·A	种类数量
CJ20-10	50	110V、127V、220V、380V	10	4	2.2	1200	100	380/220	0.26/0.45	AC-15 100	2 个常开 2 个常闭
CJ20-16			16	7.5	4.5						
CJ20-25			25	11	5.5						
CJ20-40			40	22	11						
CJ20-63			63	30	18		120	380/220	0.8/1.4	AC-15 300	2 个常开 2 个常闭
CJ20-100			100	50	28						
CJ20-160			160	85	48						
CJ20-250			250	132	80	600	60	380/220	1.3/2.3	AC-15 500	4 个常开、2 个常闭或 3 个常开、3 个常闭或 2 个常开、4 个常闭
CJ20-400			400	200	115						

注：1. AC-3 类接触器用于笼型异步电动机的起动、运转中分断。
　　2. AC-15 类接触器用于大于 72V·A 的电磁负载的控制。

> **温馨提示**
>
> **熟悉安全操作规程**
>
> 安装接触器时,其底面应与地面垂直,倾斜度小于5°,否则影响接触器的工作特性。
>
> 安装接线时,不要使螺钉、垫圈、接线头等零件脱落,以免掉进接触器内部而造成卡住或者短路现象的出现。
>
> 接触器应定期检查,观察螺钉是否松动等。

(五) 熔断器

1. 熔断器的分类

熔断器是一种利用熔化作用而切断电路的保护电器,一般用瓷、玻璃或硬质纤维制成。熔断器主要由熔体和熔断管两部分组成,其中熔体是主要部分,它既是敏感元件又是执行元件,由易熔金属如铅、锌、锡等制成。

熔断器的种类很多,按熔体热惯性的大小可分为无热惯性、大热惯性、小热惯性三种,热惯性越小,熔化越快。按熔体形状分为丝状、片状、笼状三种;按支架结构分为插入式、螺旋式、管式三种。

熔断器的型号及含义如图 1-12 所示,其外形、熔体及符号如图 1-13 所示。

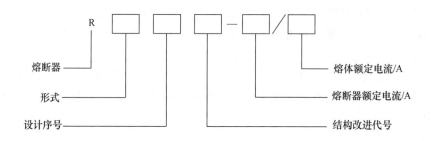

图 1-12　熔断器型号及含义

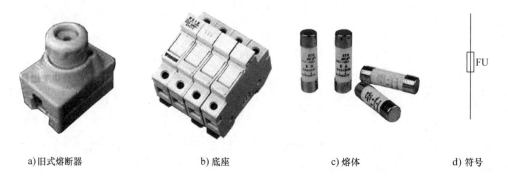

a) 旧式熔断器　　　b) 底座　　　c) 熔体　　　d) 符号

图 1-13　熔断器外形、熔体及符号

2. 熔断器的作用原理

熔断器的熔体与被保护的电路串联，当被保护的电路发生短路时，短路电流流过熔体将其加热，部分熔体因过热而被熔断，并同时产生电弧，使熔体继续熔化。直到间隙足够大时，电弧熄灭，熔体断开，将被保护的电路与电源切断，达到保护的目的。

要求熔体在通过正常电流时不熔断，在短路时熔断。电气设备通过电流时所产生的热量与电流的二次方和电流流过的时间成正比。因此，电流越大，要求熔断的时间越短，才能保证被保护的设备不超过允许的温升，即熔断器熔体的保护特性为安（A)-秒（s）特性。

3. 熔断器的技术参数

（1）额定电压　熔断器长期工作能承受的最高工作电压。

（2）熔断器额定电流　熔断器允许长期通过的最大工作电流。

（3）熔体额定电流　熔体能长期正常工作而不熔断的电流。熔体的额定电流不能大于熔断器的额定电流。

思考三

家里的断路器，在有短路故障时会自动断开，为什么会这样呢？

（六）低压断路器

低压断路器相当于刀开关、熔断器、热继电器和欠电压继电器的组合，是一种既能手动开关操作又能自动进行欠电压、失电压、过载和短路保护的低压电器。

断路器的种类很多。根据其结构形式可分为框架式（万能式）和塑料外壳式（装置式）；根据操作机构的不同可分为手动操作、电动操作和液压传动操作；根据触点数目可分为单极、双极和三极；根据动作速度可分为有延时动作、普通动作和快速动作等。尽管断路器种类很多，结构也非常复杂，但是不论哪一种断路器，它总是由触点系统、灭弧系统、保护装置和传动机构等组成。常见的低压断路器如图1-14所示。

断路器的结构原理如图1-15a所示。断路器是靠操作机构手动或者电动合闸使触点闭合后，再由自由脱扣装置将触点锁在合闸

a）小容量断路器　　b）防爆断路器

图1-14　常见的低压断路器

位置上。当电路发生故障时，断路器通过各自的脱扣器使自由脱扣机构动作自动跳闸，实现保护作用。分励脱扣器则用来实现远距离控制分析电路。断路器的电气符号如图1-15b所示。

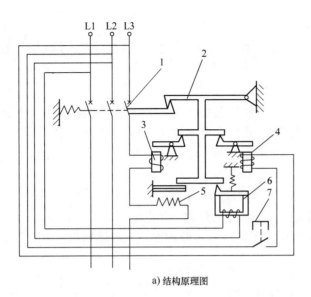

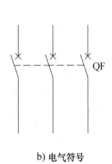

a) 结构原理图　　　　　　　　　b) 电气符号

图 1-15　断路器的结构原理及电气符号

1—主触点　2—自由脱扣机构　3—过电流脱扣器　4—分励脱扣器　5—热脱扣器　6—欠电压脱扣器　7—按钮

 项目实施 **使用接触器控制信号起停**

技能目标

1. 能用万用表检测断路器、按钮、行程开关、刀开关、接触器、熔断器等电器的好坏。

2. 能按照电工布线要求完成接触器使用练习电路的连接。

3. 能按照安全操作规程，在通电试车前用万用表初步检查电路及对电路进行通电试车。

4. 了解电路常见故障现象，掌握故障检修方法。

5. 能按生产现场管理 6S 标准整理现场。

一、清点器材

项目所需的实训器材包括断路器 1 个、熔断器 1 个、接触器 1 个、按钮 2 个、信号指示灯 1 个、行程开关 1 个、万用表 1 块、工具 1 套、导线若干，如图 1-16 所示。

二、认识电器

1. 认识接触器

接触器线圈及触点位置示意图如图 1-17a 所示，下面是线圈的进、出接线端；中间一层为三对主触点；上面为四对辅助触点，其中两对为辅助常闭触点（上面中间），两对为辅助常开触点（上面两侧）。识别辅助触点是常开触点还是常闭触点的方法，如图 1-17b 所示，辅助触点上面有图形"○"，其中

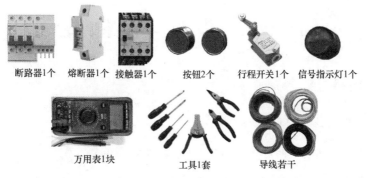

断路器1个　熔断器1个　接触器1个　按钮2个　行程开关1个　信号指示灯1个

万用表1块　　　　工具1套　　　　导线若干

图1-16　使用接触器控制信号起停实训器材

辅助常闭触点接线端

辅助常开触点接线端

主触点接线端

线圈接线端

辅助常开触点接线端

a) 线圈及触点位置示意图　　　　　b) 侧面局部放大图　　　　　c) 上表面面板

图 1-17　接触器实物

"〇"在上面的为辅助常闭触点，"〇"在下面的为辅助常开触点，可以简单总结为"观察圆圈，上闭下开"。

接触器上表面面板如图 1-17c 所示，L1、L2、L3 为主触点进线端，T1、T2、T3 为主触点出线端；13、14 和 43、44 为两对辅助常开触点接线端，21、22 和 31、32 为两对辅助常闭触点接线端。可以简单总结为"观察辅助触点，外开里闭"。

2. 认识按钮

按钮中各触点位置如图 1-18 所示，在按钮底部有触点标识，1 和 2 为一对常闭触点接线端，3 和 4 为一对常开触点接线端。

常闭触点接线端

常开触点接线端

图 1-18　按钮的触点位置示意图

温馨提示	学会使用万用表检测触点的方法，使用前先检测，养成责任意识。

用万用表判断接触器或者按钮的触点是否正常的方法：将万用表红、黑表笔分别接接触器或者按钮的常闭触点两个接线端，万用表显示"0"为通；按下接触器或者按钮，万用表显示"1."为断，则常闭触点正常。

再将万用表两表笔分别接接触器或者按钮的常开触点两个接线端，万用表显示"1."为断，按下接触器或者按钮，万用表显示"0"为通，则常开触点正常。

3. 认识行程开关

行程开关内部结构如图 1-19 所示，3 和 4 为一对常开触点接线端，1 和 2 为一对常闭触点接线端。

三、识读电路

实训电路如图 1-20 所示。

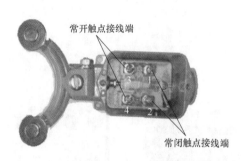

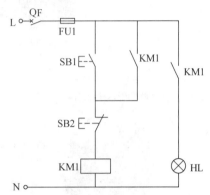

图 1-19 行程开关的触点位置示意图

图 1-20 使用接触器控制信号起停实训电路

四、选用电器

按图 1-20 电路在实训设备上选用实训所需的电器，并检查电气元件是否完好，如图 1-21 所示。

a) 选用断路器和熔断器

b) 选用接触器

c) 选用按钮

图 1-21 选用电器

d) 选用信号灯

图 1-21 选用电器(续)

五、按图布线

1)清点工具,按图 1-20 所示电路图接线。

2)观察接触器的工作电压,如图 1-22a 所示,所用接触器的工作电压为 220V,因此电路只需使用一根相线和中性线,另外两根不用的相线在端子排上接好,以免通电时短接造成电源短路,如图 1-22b 和图 1-22c 所示。

a) 接触器的工作电压

b) 电源的接线

c) 断路器的接线

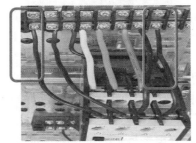

d) 接触器辅助常开触点的接线

图 1-22 需要注意的接线

3)此电路共使用了两对接触器的辅助常开触点,接线图如图 1-22d 所示。检查电源及电路是否按要求接好。

六、常规检查

检查是否存在短路故障,用万用表进行通电前整体电路常规检查。

1. 整体电路分析与判断方法

图 1-23 所示为常规检查流程图。

1)检查控制电路电源。合上断路器,使用数字式万用表的二极管档或者指针式万用表的欧姆档(×1k 档),将红、黑表笔分别接在 L、N 上,电路此时应该是断的,万用表显示

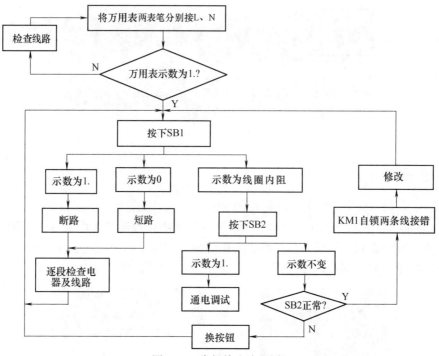

图 1-23　常规检查流程图

"1."，如图 1-24 所示，这表示电路正常；如果万用表指示为"0"，说明存在短路故障，需要检查电路。

2）检查 KM1 支路。保持万用表两表笔位置不动，按下 SB1，如果万用表显示阻值等于接触器 KM1 线圈内阻（一般为 400~600Ω），如图 1-25a 所示，说明正常；再同时按下 SB2，显示"1."，如图 1-25b 所示，说明 KM1 支路没有问题，继续检查。

如果按下 SB1 万用表显示"0"，则表示电路中有短路故障；如果按下 SB1 万用表显示

图 1-24　检查电路电源

"1."，说明有断路问题。如果按下 SB1 电路正常，但是按下 SB2 电路不能断开，则应首先检查控制按钮是否有问题，如果按钮没有问题，则说明 KM1 辅助常开触点的两条线接错。

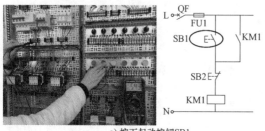

a) 按下起动按钮 SB1

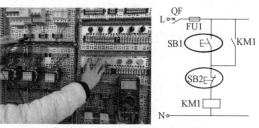

b) 按下起动按钮 SB1 同时再按下停车按钮 SB2

图 1-25　检查 KM1 支路

3）检查 KM1 自锁。保持万用表两表笔位置不动，即分别接在 L、N 上，万用表显示"1."。手动按下 KM1，万用表显示阻值等于接触器线圈内阻（一般为 400～600Ω），如图 1-26a 所示；按住 KM1 保持不动，同时再按下停车按钮 SB2，万用表显示"1."为正常，如图 1-26b 所示，可以申请通电试车。

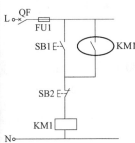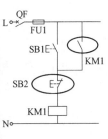

a) 手动按下接触器KM1　　　　　　　　　　b) 按下KM1同时再按下停车按钮SB2

图 1-26　检查 KM1 自锁

2. 分段电阻法逐段检查电路

图 1-27 为分段电阻法逐段检查示意图，当用上述整体电路检查出故障或者通电试车时发现接触器不动作时，可以采用此法逐段分析。

切断电源，用万用表的欧姆档依次逐段测量电路电阻以判断电路是否存在故障。检查步骤如下：

1）将万用表两表笔分别放在 L 和 1 处，合上 QF，万用表显示为"0"表示正常，接着进行步骤 2）；否则检查熔断器 FU1 之后回步骤 1）。

2）放在 L 处万用表的表笔不动，将另一表笔放在 2 处，按下 SB1。若万用表显示阻值为"0"，则表示正常，进行步骤 3）。若万用表显示阻值很大，则可能接触不良或者开路；若为无穷大，则说明按钮 SB1 常开触点坏，更换 SB1。

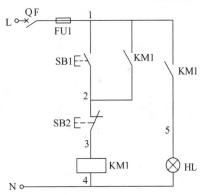

图 1-27　分段电阻法逐段检查示意图

3）将万用表两表笔分别放在 2 和 3 两处，若阻值显示为"0"，则表示正常，进行步骤 4）。若万用表显示阻值很大，则可能接触不良或者开路；若阻值显示为无穷大，则说明按钮 SB2 常闭触点坏，更换 SB2。

4）将万用表两表笔分别放在 3 和 4 两处，测量 3、4 间电阻，若阻值等于接触器 KM1线圈内阻，则为正常；若阻值为"0"，说明接触器线圈短路；若阻值比接触器线圈内阻大很多，表示导线与线圈接触不良或开路，需要更换接触器。

>>> 温馨提示｜**熟知安全用电常识，按照安全规程操作，提高观察能力**

不可以擅自移动、使用其他同学的电源；流过每个电器的电流方向应该始终保持一致。

看清楚接触器线圈及信号灯的工作电压，不可接错。

七、通电试车

1）在排除短路故障后，经指导教师允许方可接通电源。

2）在教师监控下试车，观察接触器动作以及信号灯的指示是否正常。按下 SB1，接触器 KM1 动作，灯 HL 亮；再按下 SB2，接触器 KM1 断电复位，灯 HL 灭。

八、清理工位

通电试车成功后关闭电源，经指导教师同意后，拆线并维护实训设备及元件，清点工具，清理工作台位，去掉配电盘上的标记。

九、完成报告

完成项目实训报告。

知识拓展

何为工匠精神？

工匠精神是指工匠对自己的产品精雕细琢、精益求精的精神理念，工匠精神的目标是打造本行业最优质的、其他同行无法匹敌的卓越产品，概括起来，工匠精神就是追求卓越的创造精神、精益求精的品质精神、用户至上的服务精神。工匠精神需要从业者不仅具有高超的技艺和精湛的技能，还要具有严谨、细致、专注和负责的工作态度，以及对职业的认同感、责任感、荣誉感和使命感。它主要表现在执着专注、作风严谨、精益求精、敬业守信和推陈出新五个方面。

如何在实训中培养工匠精神？

在使用接触器控制信号起停实训过程中，要追求精雕细琢、精益求精、超越自我的工匠精神，比如在进行电气线路连接时，在工艺方面达到横平竖直、导线之间不交叉、导线与元件连接处不漏铜、不损坏绝缘层等规范，在任务实施过程中体会感受工匠精神的实质。

思考四

怎样判别电路中是否有短路故障呢？在通电试车前能初步判别出电路是否存在问题吗？

 常见故障现象与检修方法

使用接触器控制信号起停常见故障现象与检修方法见表1-4。

 项目评价

项目评价见表1-5。

表1-4 使用接触器控制信号起停常见故障现象与检修方法

序号	故障现象	检修方法
1	按下起动按钮 SB1 后,接触器不动作	①检查断路器 QF 是否闭合 ②断电后按电阻法逐段检查接触器线圈电路接线是否正确,所用电器是否正常 ③使用万用表 AC500V 档,检查相线 L 和中性线 N 之间电压是否在 220V 左右
2	接触器不能自锁,松开 SB1 后接触器即断电	①检查 1-2 之间接触器常开触点两条线是否接错 ②换另外一对常开触点
3	起动后,接触器动作,但灯 HL 不亮	①检查 1-5 和 5-4 之间电路和电器是否接错 ②检查 HL 灯是否损坏

表1-5 使用接触器控制信号起停考核要求及评分标准

考核内容	考核要求	配分	评分标准	扣分	自评	小组评	教师评
接线	布线合理、正确	55 分	每错 1 处扣 2 分				
	导线平直、美观,不交叉,不跨接		布线不美观、导线不平直、交叉架空跨接,每处扣 1 分				
	接线正确、牢固		裸露导线过长或者接点压接不紧,每处扣 1 分				
调试	调试尽量一次成功信号灯指示正常	30 分	试运行步骤方法不正确扣 2~4 分;试运行 1 次不成功扣 10 分,3 次不成功此项不得分				
文明操作	工作台面清洁、工具摆放整齐	10 分	凡违反有关规定,酌情扣 2~4 分,但对发生严重事故者,则取消实训资格				
时间	1h 按时完成	5 分	每超时 5min 酌情扣 3~5 分				
总分		100 分					

▶ 项目总结

1)低压电器种类繁多,本项目主要介绍了按钮、刀开关、转换开关、行程开关、接触器、熔断器、低压断路器的用途、基本结构与原理、产品外形与图形符号,为正确使用和维护低压电器打下了一定的基础。

2)按钮、行程开关、刀开关、转换开关属于非自动切换电器;接触器、熔断器、低压断路器属于自动切换电器。

3)选用电器时要选用标准件和相同型号的元件。选用元件时,要考虑其额定电压和额定电流等参数。

4)按图布线应遵循"自上而下,从左到右"的原则。

5)布线时尽量减少连接导线的数量和长度。

▶ 项目评测

项目评测内容请扫描二维码。

项目2 使用时间继电器控制信号延时起停

项目描述

按照给定电路图，用1个断路器、1个时间继电器、2个控制按钮实现对信号指示灯延时起停的控制。要求合上断路器，第一个信号灯亮，按下起动按钮，时间继电器开始工作，定时时间到，第一个信号灯灭，第二个信号灯亮，按下停止按钮，第二个信号灯灭，第一个信号灯亮。

项目目标

1. 能描述时间继电器、电磁式继电器、热继电器、速度继电器的主要功能。
2. 能识别常用的时间继电器、电磁式继电器、热继电器、速度继电器，提高观察力和判断力。
3. 掌握常用的电气控制的保护环节及常用电器的保护功能，培养安全生产的意识。
4. 能按照实训任务要求和安全操作规程完成实训电路的布线、电路检查及通电试车。
5. 能按生产现场管理6S标准整理现场。

知识准备

本项目主要学会在电力拖动系统及控制系统领域常用继电器的使用，如时间继电器、电磁式（电压、电流、中间）继电器、热继电器和速度继电器。

一、认识常用电器

继电器是一种在特定形式的输入信号（电压、电流、速度、时间等）达到规定要求时动作的自动控制电器，主要用来反映各种控制信号的大小。其触点通常接在控制电路中。

继电器的种类繁多，分类方法也很多。常用分类方法有：按输入信号的不同分为电压继电器、电流继电器、功率继电器、时间继电器、温度继电器等；按动作原理的不同分为电磁式继电器、感应式继电器、电动式继电器、电子式继电器、热继电器等；按动作时间的不同分为快速继电器、延时继电器、一般继电器等；按执行环节作用原理的不同分为有触点继电器和无触点继电器；按用途的不同分为控制系统用继电器和电力系统用继电器。

这里主要介绍电气控制系统用的电磁式（电流、电压、中间）继电器、时间继电器、热继电器和速度继电器。

思考一

电影里经常看到定时炸弹爆炸的场面，定时炸弹里的时间控制是用何种电器实现的呢？

（一）时间继电器

凡是在敏感元件获得信号后，执行元件要延迟一段时间才动作的低压电器称为时间继电器。这里指的延时区别于一般电磁继电器从线圈得到电信号到触点闭合的固有动作时间。时间继电器的种类很多，按动作原理可分为空气阻尼式、电磁式、电动机式、半导体式等。图 2-1 所示为常见的时间继电器的外形。

下面以空气阻尼式时间继电器为例说明时间继电器的工作过程。图 2-2 所示为通电后开始延时的空

a) 正面面板

b) 侧面面板

图 2-1 常见的时间继电器外形

气阻尼式时间继电器的结构原理图，它是利用空气通过小孔节流原理来实现延时的，可以做成通电延时型，也可以做成断电延时型。

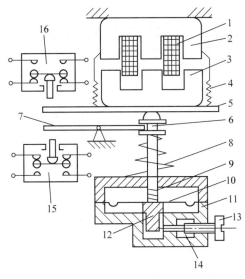

图 2-2 空气阻尼式时间继电器结构原理图

1—线圈 2—铁心 3—衔铁 4—反力弹簧 5—推板 6—活塞杆 7—杠杆 8—塔形弹簧 9—弱弹簧
10—橡皮膜 11—空气室壁 12—活塞 13—调节螺杆 14—进气孔 15、16—微动开关

当铁心线圈 1 通电后，衔铁 3 吸合，微动开关 16 受压，其触点动作无延时，活塞杆 6 在塔形弹簧 8 的作用下带动活塞 12 及橡皮膜 10 向上运动，但由于橡皮膜下方空气室的空气稀薄，形成负压，因此活塞杆 6 只能缓慢地向上移动。其移动速度由进气孔的大小决定，进

气孔的大小可通过调节螺杆 13 进行调整。经过一定的延时后，活塞杆才能移动到最上端，这时通过杠杆 7 压动微动开关 15，使其常闭触点断开、常开触点闭合，起到通电延时的作用。

当线圈 1 断电，电磁吸力消失，衔铁 3 在反力弹簧 4 的作用下释放，并通过活塞杆 6 将活塞 12 推向下端，这时橡皮膜 10 下方室内的空气通过由橡皮膜 10、弱弹簧 9 和活塞 12 的肩部所形成的单向阀，迅速地从橡皮膜上方气室的缝隙中排掉，微动开关 15、16 迅速复位，各触点无延时。

从铁心线圈通电吸引衔铁起到微动开关动作止这段时间，即为延时时间。用调节螺杆 13 调节进气孔的大小，可以调节延时时间的长短。空气阻尼式时间继电器的延时时间为 0.4~180s。

时间继电器可以有两个延时触点，一是延时断开，一是延时闭合；此外，还有两个瞬动的触点。显然，微动开关 16 在通电和断电的瞬间，瞬动触点也随之瞬时动作。

时间继电器的线圈、延时触点、瞬动触点的电路符号如图 2-3 所示，其型号及含义如图 2-4 所示。

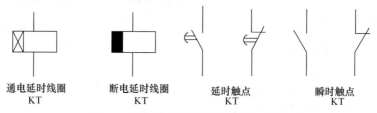

图 2-3 时间继电器的线圈及触点符号

空气阻尼式时间继电器的优点是延时调节平滑，通用性强；既可以用于交流，也可以用于直流（仅需改变线圈）；还可以实现通电延时或断电延时；结构简单，价格便宜。其缺点是，延时误差大（可达±10%），当环境温度、湿度变化时，延时时间会发生变化；另外，延时时间不能太长。

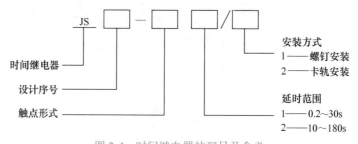

图 2-4 时间继电器的型号及含义

思考二

应该怎样判断时间继电器里面的延时触点是通电延时还是断电延时呢？

这里有个小窍门，可以把表示延时的圆弧想象成一把雨伞，把电器动作的方向想象成行走的方向。当向前走时，伞尖向前和向后两种情况下哪种会让你行走困难、速度更慢呢？

试试看，会发现当行走方向和伞尖方向相反时速度会慢，一样道理，圆弧弧顶的方向和电器动作方向相反时，该动作会有延时。分析图 2-5 中的几种情况，看看时间继电器都是什么延时？

图 2-5a 所示为常开触点，时间继电器线圈得电时触点闭合，向右动作，动作方向和圆弧弧顶方向相反，因此动作有延时，属于延时闭合触点；而当时间继电器线圈失电时，常开触点复位，向左动作，动作方向与圆弧弧顶方向相同，动作没有延时。因此图 2-5a 所示为延时闭合的常开触点。

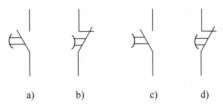

图 2-5 时间继电器的符号分析

a) b) c) d)

同理可知，图 2-5b 所示为延时闭合的常闭触点，图 2-5c 所示为延时断开的常开触点，图 2-5d 所示为延时断开的常闭触点。

> **温馨提示** ▶▶
>
> **选择电器过程中注重对自己的评判能力的养成**
>
> 根据系统的延时范围和要求的延时精度来选择时间继电器的类型和系列。在延时精度要求不高的场合，一般可选用价格较低的空气阻尼式时间继电器；在精度要求较高的场合，可选用电子式时间继电器。

（二）电磁式继电器

电流继电器、电压继电器、中间继电器均属于电磁式继电器。其结构和动作原理与接触器大致相同，都由铁心、衔铁、线圈、释放弹簧和触点等部分组成。主要区别在于：继电器可以对多种输入量的变化做出反应，而接触器只有在一定的电压信号下才会动作；继电器用于切换小电路，例如控制电路和保护电路，而接触器用来控制大电流电路；继电器没有灭弧装置，也无主、辅触点之分等。

1. 电流继电器

电流继电器的线圈与被测电路串联，反映电路电流的变化，其线圈匝数少、导线粗、阻抗小。图 2-6 所示为电流继电器型号及含义，图 2-7 所示为电流继电器外形。

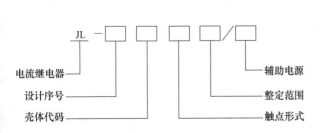

图 2-6 电流继电器型号及含义

图 2-7 电流继电器的外形

主要参数说明：

（1）壳体代码 1——固定安装壳体；2——标准的 JK-1 壳体；3——标准的 JK-11K、

H、Q 壳体。

（2）触点形式　电流继电器触点形式代码含义见表2-1。

表2-1　电流继电器触点形式代码含义

代码	1	2	3	4	5	6	7
常开触点数量	1	1	/	1	2	2	2 对可转化
常闭触点数量	1	/	2	2	1	2	

（3）整定范围　电流继电器的整定范围见表2-2。

表2-2　电流继电器整定范围

代码	整定范围/A	整定级差/A	备　注
A	0.2~2	0.1	A、B 为无源电流继电器；C~G 为有源过电流继电器；H~J 为有源欠电流继电器
B	2~99.9	0.1	
C	0.01~0.99	0.01	
D	0.05~0.7	0.01	
E	0.1~3.7	0.01	
F	0.5~50	0.1	
G	10~100	1	
H	0.01~0.99	0.01	
I	0.5~19	0.1	
J	10~19	1	

（4）辅助电源　1——DC 220V；2——DC 110V；3——AC 220V；4——AC 110V。

电流继电器有欠电流和过电流继电器之分。欠电流继电器的吸引电流为线圈额定电流的30%~65%，释放电流为额定电流的10%~20%，用于欠电流保护或控制。欠电流继电器在正常工作情况下，衔铁是吸合的，只有当电流降低到某一整定值时，继电器才释放，输出信号。过电流继电器在电路正常工作时不动作，当电流超过某一整定值时才动作，整定范围为1.1~4.0倍额定电流。

2. 电压继电器

根据动作电压值不同，电压继电器有过电压继电器、欠电压继电器和零电压继电器之分。过电压继电器在电压为 U_N 的 105%~120% 以上动作，欠电压继电器在电压为 U_N 的40%~70%时动作，零电压继电器当电压降至 U_N 的 5%~25%时动作，它们分别用作过电压、欠电压和零电压保护。图2-8所示为电压继电器型号及含义，表2-3、表2-4列出了电压继电器触点形式代码含义与电压继电器规格代码含义，图2-9所示为电压继电器外形。

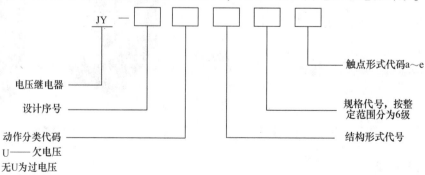

图2-8　电压继电器型号及含义

表 2-3 电压继电器触点形式代码含义

代码	a	b	c	d	e
常开触点数量	2	1	0	2	1
常闭触点数量	0	1	2	1	2

表 2-4 电压继电器规格代码含义

规格代码	整定范围/V	整定级差/V
1	0.1~9.9	0.1
2	1~99	1
3	80~160	2
4	100~190	2
5	160~320	2
6	200~399	3

3. 中间继电器

中间继电器实质上是一种电压继电器，其特点是触点对数多、容量较大（额定电流5~10A）、动作灵敏度高。其主要用途：当其他继电器的触点对数或触点容量不够时，可借助中间继电器来扩展它们的触点数量或触点容量，起到信号中继的作用。图 2-10 所示为中间继电器外形，图 2-11 所示为中间继电器的型号及含义。

图 2-9 电压继电器外形   图 2-10 中间继电器外形

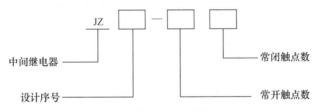

图 2-11 中间继电器型号及含义

4. 电磁式继电器的国家标准符号

如图 2-12 所示，电流继电器的文字符号为 KI，电压继电器的文字符号为 KV，中间继电器的文字符号为 KA。

（三）速度继电器

速度继电器常用作反接制动电路中转速过零的判断元件，其外形如图 2-13 所示。

图 2-14 所示为 JY1 型感应式速度继电器的结构原理图，其结构和工作原理与笼型电动

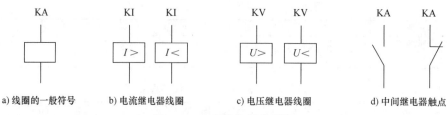

a) 线圈的一般符号　　b) 电流继电器线圈　　c) 电压继电器线圈　　d) 中间继电器触点

图 2-12　电磁继电器的符号

机相似。它的转子是圆柱形铁镍合金制成的永久磁铁，转子的外面有一个圆环，圆环内装有如笼型电动机转子的短路绕组。此圆环装在另一套轴承上，可以转动一定的角度。当被控制的电动机带动速度继电器的转子旋转时（速度继电器与电动机同轴连接），永久磁铁的磁通切割圆环内的短路绕组，在绕组内感应出电动势和电流。此电流和永久磁铁的磁场作用产生转矩，使继电器定子轴上的摆锤向旋转方向转动，拨动簧片使常闭触点断开、常开触点闭合。

图 2-13　速度继电器的外形

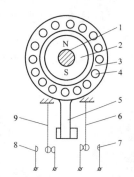

图 2-14　JY1 型感应式速度继电器结构原理图
1—电动机轴　2—转子　3—定子　4—绕组
5—摆锤　6、9—簧片　7、8—触点

当电动机转速低于某一数值时，定子产生的转矩减小，触点在簧片作用下复位。

触点 8 在转子顺时针旋转时动作，而触点 7 在转子逆时针旋转时动作。一般速度继电器的动作转速为 120r/min，复位转速为 100r/min，转速在 3000~3600r/min 以下能可靠动作。

速度继电器的国家标准符号如图 2-15 所示。

（四）热继电器

热继电器是应用电流的热效应原理工作的低压电器，主要用来防止电动机或其他负载过载以及作为三相电动机的断相保护，其外形如图 2-16 所示。

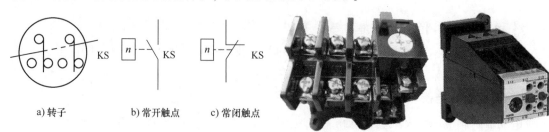

a) 转子　　　　b) 常开触点　　　c) 常闭触点

图 2-15　感应式速度继电器符号　　　　　　　图 2-16　热继电器外形

热继电器的型号及含义如图 2-17 所示。

下面分析热继电器的结构与工作原理。图 2-18a 所示为热继电器的结构原理图，它主要由发热元件、双金属片等组成。

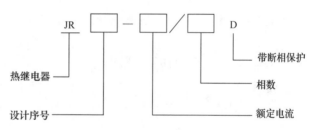

图 2-17 热继电器的型号及含义

双金属片是由两种不同膨胀系数的金属制成，左侧层为低膨胀系数的金属，右侧层为高膨胀系数的金属。当发热元件中的电流大到一定值并经过一段时间后，发热元件 1 发出的热量使金属片 2 向左弯曲，带动连动片 3 向左移动，同时温度补偿片 4 的弯曲部分离开了凸盘 9，凸盘在弹簧 5 的作用下顺时针转动，常闭触点 12 打开，常开触点 11 闭合，动作完毕。当发热元件中的电流小于额定电流时，发热元件发出的热量减少，双金属片恢复原位，温度补偿片 4 在弹簧 6 的作用下要恢复原位，但此时被凸盘 9 的凸起部分挡住，故动触点不能恢复原状，即故障消除后，热继电器的触点不能自动复位。要复位必须按下复位按钮 10，使凸盘逆时针转动，凸起部分抬起，温度补偿片 4 在弹簧的作用下恢复原位，触点恢复原状，为下次工作做好准备。

电流调节盘 8 是用来调节热继电器的动作电流的。当电流调节盘逆时针转动时，电流调节盘上移，支架 7 在弹簧 5 的作用下，以 B 为支点向左移动。同时温度补偿片 4 在弹簧 6 的作用下也向左移动。这样，温度补偿片和连动片 3 凸起部分的距离就增大。此时，只有发热元件中流过更大电流时，连动片才能带动温度补偿片动作，使触点动作。与此相反，当电流调节盘顺时针转动时，热继电器的动作电流就要减小。

温度补偿片 4 的另一个重要作用是进行温度补偿，保证热继电器的动作电流与周围介质的温度无关。

由于要将双金属片加热到一定温度时热继电器才会动作，所以脉冲电流不会使热继电器动作。甚至热元件流过短路电流时，热继电器也不会立即动作，所以它不能用来作短路保护。

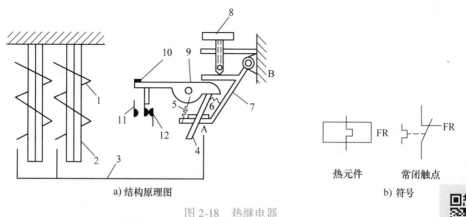

a) 结构原理图   b) 符号

图 2-18 热继电器

1—发热元件 2—双金属片 3—连动片 4—温度补偿片 5、6—弹簧 7—支架
8—电流调节盘 9—凸盘 10—复位按钮 11—常开触点 12—常闭触点

电动机等用电设备若长期过载运行，电流会超过额定电流值而使其过热，降低用电设备的使用寿命甚至损坏，热继电器是对其实行过载保护的低压电器。

热继电器的热元件和触点的电路符号如图 2-18b 所示。

> **温馨提示**
>
> **安全用电小常识**
>
> 　　热继电器不能用来执行短路保护，这是由于要使双金属片加热到一定温度，热继电器才会动作，热元件流过脉冲电流甚至短路电流时，热继电器也不会立即动作。

二、电气控制的保护环节

 思考三

　　我们在分析电路的时候总谈论电路的电气保护，常用的保护环节都包括哪些呢？

　　电气控制系统除了能满足生产机械加工工艺要求外，还应保证设备长期、安全、可靠地运行，因此电气控制的保护环节是所有电气控制系统不可缺少的组成部分，利用它来保护电动机、电网、电气控制设备及人身安全等。

　　电气控制系统中常用的保护环节有短路保护、过载保护、过电流保护、零电压及欠电压保护、弱磁保护等。

1. 短路保护

　　电动机、电器、导线的绝缘损坏或电路发生故障时，都可能造成短路事故。很大的短路电流可能使电器设备损坏或产生更严重的后果。一旦发生短路故障时，能迅速地切断电源的保护叫作短路保护。常用的短路保护元件有熔断器和断路器等。

2. 过载保护

　　电动机长期超载运行，绕组温升超过其允许值，造成绝缘材料变脆，寿命缩短，严重时还会使电动机损坏。过载电流越大，达到允许温升的时间就越短。常用的过载保护元件是热继电器。

　　由于热惯性的原因，热继电器不会受电动机短时过载冲击电流或短路电流的影响而瞬时动作，所以在使用热继电器作过载保护的同时，还必须有短路保护。作短路保护的熔断器熔体的额定电流不能大于 4 倍热继电器发热元件的额定电流。

3. 过电流保护

　　过电流保护广泛用于直流电动机或绕线转子异步电动机控制电路中。对于三相笼型异步电动机，由于其短时过电流不会产生严重后果，故可不设置过电流保护。

　　过电流往往由于起动不正确和负载过大引起的，电路电流一般比短路电流要小。在电动机运行中产生过电流比发生短路的可能性更大，尤其是在频繁正反转起动、重复短时工作的电动机中更是如此。在直流电动机和绕线转子异步电动机控制电路中，过电流继电器也起着短路保护的作用，一般过电流的动作值为起动电流的 1.2 倍。

　　常用的过电流保护元件是过电流继电器。

　　必须强调指出，短路、过载、过电流保护虽然都是电流型保护，但由于故障电流、动作值保护特性、保护要求以及使用元件的不同，它们之间是不能互相取代的。

4. 零电压及欠电压保护

在电动机运行中，若电源电压因某种原因消失，在电源电压恢复时，如果电动机自行起动，将可能损坏生产设备，也可能造成人身事故。对供电系统来说，同时有许多电动机及其他用电设备自行起动也会引起不允许的过电流及瞬间网络电压下降。为了防止电网失电后恢复供电时电动机自行起动的保护叫作零电压保护。

当电动机正常运行时，电源电压过分降低将引起一些电器释放，造成控制电路工作不正常，甚至产生事故。电网电压过低，如果电动机负载不变，则会造成电动机电流增大，引起电动机发热，严重时甚至烧坏电动机。此外，电源电压过低还会引起电动机转速下降，甚至停转。因此，在电源电压降到允许值以下时，需要采取保护措施，及时切断电源，这就是欠电压保护。通常是采用欠电压继电器或设置专门的零电压继电器来实现。

在许多机床中不是用控制开关操作，而是用按钮操作，利用按钮的自动恢复作用和接触器的自锁作用，可不必另加零电压保护继电器，电路本身已兼备了零电压保护环节。

5. 弱磁保护

直流电动机在磁场有一定强度下才能起动，如果磁场太弱，电动机的起动电流就会很大；直流电动机正在运行时磁场突然减弱或消失，电动机转速就会迅速升高，甚至发生"飞车"现象，因此需要采取弱磁保护，通过在电动机励磁电路中串入欠电流继电器实现。在电动机运行中，如果励磁电流消失或降低太多，欠电流继电器就会释放，其触点切断主电路接触器的线圈电源，使电动机断电停车。

思考四

你会使用时间继电器吗？时间继电器怎样进行定时设定呢？

 项目实施   使用时间继电器控制信号延时起停

技能目标

1. 能合理选用时间继电器，会整定时间继电器的定时时间及热继电器，提高观察力和判断力。

2. 能按照电工布线要求完成时间继电器控制信号起停电路的连接。

3. 能按照安全操作规程，在通电试车前用万用表初步检查电路及对电路进行通电试车。

4. 能处理电路常见故障，掌握故障检修方法。

5. 能按生产现场管理 6S 标准整理现场，理解节约保护意识的重要性。

一、清点器材

项目所需的实训器材包括断路器 1 个、熔断器 1 个、时间继电器 1 个、热继电器 1 个、按钮 2 个、信号指示灯 2 个、万用表 1 块、工具 1 套、导线若干，如图 2-19 所示。

断路器1个　　熔断器1个　　时间继电器1个　　热继电器1个　　按钮2个　　　信号指示灯2个

万用表1块　　　　工具1套　　　导线若干

图2-19　使用时间继电器控制信号延时起停实训器材

二、认识电器

1. 时间继电器的认识

电子式时间继电器外形如图2-20所示，在其面板右下角有两个设置开关，通过这两个开关就可以设定时间继电器的定时时间的变化范围。如图2-20b所示，开关在2、4位置时定时时间范围为0~1s，开关在1、4位置时定时时间范围为0~10s，开关在2、3位置时定时时间范围为0~60s，开关在1、3位置时定时时间范围为0~6min。例如，图2-20a所示开关位置在1、4，定时时间范围为0~10s，使用者可以根据需要通过旋转调整时间电位器设定时间。

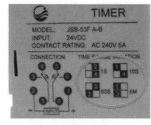

a) 正面面板　　　　　　b) 侧面面板

图2-20　电子式时间继电器外形

思考五

怎样识别时间继电器的触点是否有延时？

时间继电器触点是否有延时，主要是看其触点的国标符号上是否有"⇑"或"⇑"，有就表示是延时触点。

有的时间继电器只有延时触点，如图2-21a所示，线圈触点接线端为7、2，7进2出，延时常开触点接线端为1、3和6、8，常闭触点接线端为1、4和5、8；有的时间继电器则既有延时触点，也有瞬时触点，如图2-21b所示，线圈触点接线端也为7、2，7进2出，延时常开触点接线端为6、8，延时常闭触点接线端为5、8，瞬时常开触点接线端为1、3，瞬时常闭触点接线端为1、4。

图2-21c所示为时间继电器的底座，底座安装在导轨上，底座上有8个接线端子，与时间继电器的8个触点相对应，每个接线端子上面都有相应的触点标号。底座中间有1个大孔，大孔的内表面有一条凹槽，大孔周围有8个小圆孔。图2-21d为时间继电器底部结构，

底部中间是时间继电器与底座的连接杆，连接杆上有一条凸起，与底座的凹槽相对应，连接杆周围是 8 个插针。当时间继电器布线完成后，按照凹槽和凸起规定的方向把时间继电器的 8 个插针插入底座的孔内即完成连接。

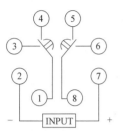

a) 只有延时触点的时间继电器

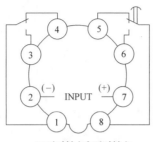

b) 延时触点和瞬时触点都有的时间继电器

c) 底座

d) 时间继电器底部

图 2-21　时间继电器

思考六

能看出时间继电器是否工作在计时状态吗？

当时间继电器线圈得电时，如图 2-20a 所示的时间继电器正面面板上的"ON"灯亮，表示时间继电器正在计时工作。当时间继电器定时时间到时，面板上"UP"灯亮，表示时间继电器各延时触点都处于动作状态。

2. 热继电器的认识

通过如图 2-22a 所示铭牌上的标识可以看出，95-96 为常闭触点接线端；97-98 为常开触点接线端。如图 2-22b 所示，最下层三对触点为热元件，上面左侧一对触点为 95-96，根据铭牌指示应为常闭触点；上面右侧一对触点为常开触点。

使用热继电器之前，需要对热继电器进行整定。方法是：观察热继电器是否处于过载保护状态，如图 2-22c 所示，绿色动作指示件凸出表示热继电器面板为过载状态；调整复位键为手动复位方式，按下复位键，将绿色动作指示件调整到复位状态，如图 2-22d 所示；然后测试热继电器的常闭触点 95-96 两触点是否连通。如果未连通，说明热继电器状态不正常，重新整定。

a) 铭牌

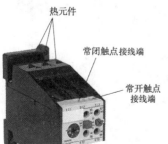

b) 热元件及触点位置示意图

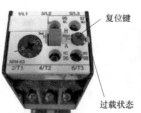

c) 过载状态示意图

d) 复位状态示意图

图 2-22　热继电器

三、识读电路

图 2-23 所示为使用时间继电器控制信号延时起停实训电路。

四、选用电器

按照图 2-23 所示电路选用电器，并检查电气元器件是否正常，如图 2-24 所示。若元件有问题，查找原因修复或更换元件。在选用时间继电器时，要选择如图 2-21b 所示的型号，因为电路图中既包含延时触点，也包含瞬时触点。

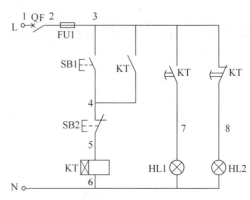

图 2-23　使用时间继电器控制信号延时起停实训电路

a) 选用断路器和熔断器

b) 选用时间继电器

c) 选用按钮

d) 选用信号灯

图 2-24　选用电器

五、按图布线

1）按图 2-23 所示电路接线。图中导线上所标数字为线号，即本电路图共有 8 根线，其中 3 号线 4 条，4 号线 2 条，其余均 1 条。

2）检查电源及电路是否按要求接好。电路只使用了一根相线和中性线，另外不用的两根相线在端子排上接好，以免通电时短接造成电源短路，如图 2-25 所示。

图 2-25 电源的接法

> **温馨提示**
>
> **观察时间继电器的触点位置，合理布线：**
>
> 1）在连接时间继电器线圈时，5 号线连接到时间继电器的 7 脚，6 号线连接到时间继电器的 2 脚，在接线时经常会在这里出现错误。
>
> 2）电路图中时间继电器的延时常开触点和延时常闭触点有一端是同电位点，并与 3 号线相连。从图 2-21b 中很容易看出，该端只能使用时间继电器的 8 脚，也就是说，3 号线需要连接时间继电器 8 脚，那么 7 号线只能接时间继电器的 6 脚，8 号线接时间继电器的 5 脚。
>
> 3）电路图中时间继电器还有 1 个瞬时常开触点（1、3 脚），在此电路中，时间继电器的瞬时常开触点的 1 脚或 3 脚均可与 3 号线相连，但是从图 2-21c 中可以看到，时间继电器的 1 脚和 8 脚在其底座的同侧，如果选择将其 1 脚与 3 号线相连，使用导线少，更经济实用。因此，建议时间继电器 1 脚与 3 号线相接，那么其 3 脚与 4 号线相接。

六、整定电器

1. 整定时间继电器

将时间继电器延时时间调为 5s，根据图 2-26a 所示，将时间设定开关设在 1、4 位置，如图 2-26b 所示，定时时间范围为 0～10s。旋转时间电位器，设定时间为 5s。

2. 整定热继电器

调整热继电器处于复位状态。如图 2-22c 所示，绿色动作指示件凸出热继电器面板为过载状态，调整复位键为手动复位方式，按下复位键，将绿色动作指示件调整到复位状态，如图 2-22d 所示；然后测试热继电器的常闭触点 95-96 两触点是否连通。如果未连通，说明热继电器状态不正常，重新整定。

延时范围

 1s　 10s

 60s　 6min

a）时间继电器延时范围选择示意　　b）时间继电器定时时间设定

图 2-26 整定时间继电器

七、常规检查

排除短路故障，并用万用表进行通电前主体电路检查。

1. 检查整体电路

合上断路器，进行整体电路短路排除。使用数字式万用表的二极管档或者指针式万用表的欧姆档（"×1k"档），将红、黑表笔分别接在 L、N 上，电路此时应该是断开的，若万用表显示"1."，为正常；如果万用表显示为"0"，说明存在短路故障，需要检查电路。

2. 通电试车前检查

由于时间继电器线圈电路有电容器，不能用万用表直接量出线圈内阻。

合上 QF 后，使用数字式万用表的二极管档或者指针式万用表的欧姆档（"×1k"档），将一表笔放在 L 处，另一表笔放在图 2-23 所示电路中 5 处（即时间继电器 7 脚），再按下起动按钮 SB1，若万用表由"1."变为"0"，说明时间继电器线圈进线没有问题。如果万用表没有从"1."变为"0"，放在 L 处表笔不动，将另一表笔从 1 到 5 逐段检查，直到正确为止。

将万用表两表笔分别放在 N 和 6 处（即时间继电器 2 脚），万用表显示"0"，则说明时间继电器线圈已经回零，可以通电。

八、通电试车

1）检查电路后，在教师的指导下接通电源。

2）观察时间继电器动作以及信号灯的指示是否正常。合上 QF，灯 HL2 亮，按下 SB1，KT 面板上"ON"灯亮，延时 5s 后，"UP"灯亮，同时灯 HL2 灭，HL1 亮。按下 SB2，KT 断电，灯 HL1 灭，HL2 亮。

九、清理工位

调试完毕后关闭电源，经指导教师同意后拆线，清点工具，清理工作台位，去掉配电盘上的标记。

十、完成报告

完成项目实训报告。

知识拓展

节约环保意识养成的重要性

坚持节约优先、保护优先、自然恢复为主的方针，形成节约资源和保护环境的空间格局、产业结构、生产方式、生活方式，还自然以宁静、和谐、美丽，这是建设美丽中国的基本途径和重点任务。

在常用电器认识及时间继电器的使用实训中，会消耗一些电线、扎带、螺钉等电工耗材，在保证实训效果和安全的情况下，同学们应尽量充分利用旧电线、旧螺钉，从而减少电工耗材的损耗，让电工耗材得到循环利用，养成节约和环保意识。

常见故障现象与检修方法

通电试车前检查没有问题，在教师指导下可以通电试车，试车过程中出现的常见故障与检修方法见表2-5。

表 2-5　使用时间继电器控制信号延时起停常见故障现象与检修方法

序号	故障现象	检修方法
1	按下起动按钮 SB1,时间继电器"ON"灯不亮	①检查断路器 QF 是否闭合 ②断电按分段电阻法逐段检查时间继电器线圈电路接线是否正确,所用电器是否正常 ③使用 AC500V 档,检查相线 L 和中性线 N 之间是否有电压
2	按下 SB1 后时间继电器"ON"灯亮,但延时时间到后"UP"灯不亮	①检查时间继电器设置的时间 ②更换时间继电器 ③检查 3 号线是否连接到时间继电器的 8 脚
3	起动后时间继电器"ON"灯亮,但 HL2 灯不亮	①检查 3-8 和 8-6 之间电路和电器是否接错 ②检查 HL2 是否损坏
4	时间继电器"UP"灯亮,但 HL2 依然亮	①检查 KT 延时常闭触点是否正常 ②检查 3-8 和 8-6 之间电路和电器是否接错
5	时间继电器"UP"灯亮,但 HL1 不亮	①检查 3-7 和 7-6 之间电路和电器是否接错 ②检查 HL1 是否损坏 ③检查 KT 延时常开触点是否正常

 项目评价

项目评价见表2-6。

表 2-6　使用时间继电器控制信号延时起停考核要求及评分标准

考核内容	考核要求	配分	评分标准	扣分	自评	小组评	教师评
接线	布线合理、正确	55 分	每错 1 处扣 2 分				
	导线平直、美观,不交叉,不跨接		布线不美观、导线不平直、交叉架空跨接,每处扣 1 分				
	接线正确、牢固		裸露导线过长或者接点压接不紧,每处扣 1 分				
调试	时间继电器未设定或设定错误	30 分	每错 1 处扣 4 分				
	通电试车成功		1 次不成功扣 10 分,3 次不成功本项不得分				
文明操作	工作台面清洁、工具摆放整齐	10 分	凡违反有关规定,酌情扣 2~4 分,但对发生严重事故者,则取消实训资格				
时间	1h 按时完成	5 分	每超时 5min 酌情扣 3~5 分				
总分		100 分					

 项目总结

1) 常用低压电器的国标符号见表2-7。
2) 电气控制电路常用的保护环节及其采用的电器见表2-8。

表 2-7　常用低压电器国标符号

电器名称	符号	电器名称	符号	电器名称	符号
按钮	SB	速度继电器	KS	电压继电器	KV
接触器	KM	热继电器	FR	中间继电器	KA
行程开关	SQ	熔断器	FU	时间继电器	KT
电流继电器	KI	隔离开关	QS	断路器	QF

表 2-8　常用的保护环节及采用电器

保护环节	采用电器	保护环节	采用电器
短路保护	熔断器、断路器等	过载保护	热继电器
过电流保护	过电流继电器	弱磁保护	欠电流继电器
零电压保护	接触器、继电器等	欠电流保护	欠电流继电器

 项 目 评 测

连连看：将实物与相应的文字符号以及名称连接在一起。

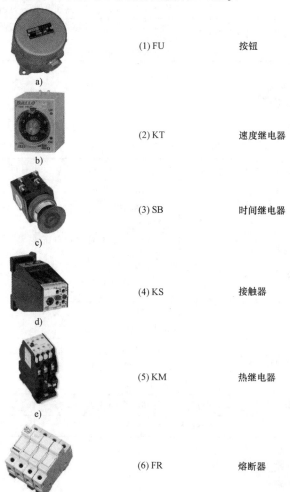

(1) FU　　　　　按钮

a)

(2) KT　　　　　速度继电器

b)

(3) SB　　　　　时间继电器

c)

(4) KS　　　　　接触器

d)

(5) KM　　　　　热继电器

e)

(6) FR　　　　　熔断器

f)

其他项目评测内容请扫描二维码。

项目3 三相笼型异步电动机全压起动控制

 项目描述

某车间有一台5kW的三相笼型异步电动机，要起动此电动机工作，如何实现？

 项目目标

1. 会读图，能正确分析控制电路工作原理和电气保护环节。
2. 能按图布线检测选用电气元件的好坏，有团队协作能力。
3. 会使用万用表进行通电试车前的电路检查，有分析问题和解决实际问题的能力。
4. 依据安全操作规程通电调试，安全意识强，有处理常见故障的维修能力。
5. 按现场6S标准规范操作，有职场工作素养。

 知识准备

一、认识电气控制系统图

 思考一

相同的电气元件在很多地方都有不同的符号表示，电气元件符号是否有统一的标准呢？

电气控制系统是由许多电气元件按照一定的要求连接而成的。为了表达生产机械电气控制系统的结构、原理等设计意图，同时也为了便于电气控制系统的安装、调整、使用和维修，需要将电气控制系统中各电气元件及其连接关系用一定图形表达出来，这就是电气控制系统图。

电气控制系统图一般包括电气原理图、电气元件布置图、电气安装接线图。图中用不同的图形符号表示不同的电气元件，用不同的文字符号表示电气元件的名称、序号和电气设备或电路的功能、状况和特征，同时还要标上表示导线的线号与接点编号等。不同种类的图纸有其不同的用途和规定的画法，下面分别加以说明。

（一）电气控制系统图中的图形符号和文字符号

在电气控制系统图中，电气元件的图形符号和文字符号必须符合统一的国家标准。近年来，各部门都相应引进了许多国外的先进设备和技术，为了便于掌握先进技术以及进行国际交流，国家规定从 1990 年 1 月 1 日起，电气控制系统图中的文字符号和图形符号必须符合新的国家标准，新旧标准对照详见附录 A。

(二) 电气原理图

为了便于阅读与分析控制电路，根据生产机械运动形式对电气控制系统的要求，绘出所有电气元件的导电部件和接线端点，而不考虑实际位置的一种简图即为电气原理图。

电气原理图具有结构简单、层次分明、便于分析电路工作原理等优点，得到了广泛的应用。

现以图 3-1 所示的某一机床的电气原理图为例来说明电气原理图的规定画法和应注意的事项。

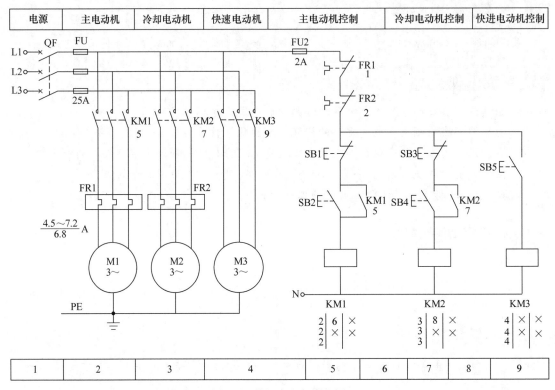

图 3-1　某机床电气原理图

1. 绘制电气原理图的原则

1) 原理图一般分主电路、控制电路和辅助电路三部分。其中主电路就是从电源到电动机的大电流的通路，通常包括接触器主触点、热继电器热元件、熔断器、电动机等电气元件。控制电路是电气控制的实现，主要包括继电器和接触器的线圈、继电器的触点、接触器的辅助触点、按钮等电气元件。辅助电路包括照明电路、信号电路及保护电路等，通常由照明灯、控制变压器等电气元件组成。

2) 原理图中，各电气元件不画实际的外形图，而采用国家规定的统一标准电气符号。

3) 原理图中，同一电器的各部件根据需要可以不画在一起，应根据便于阅读的原则安排，但必须标注相同的文字符号。

4) 图中所有电器的触点，都应按没有通电或没有外力作用时的常态位置画出。例如继电器、接触器的触点，应按吸引线圈不通电时的状态画出；按钮、行程开关触点按不受外力作用时的状态画出等。分析电路原理时，从触点的常态位置出发。

5）原理图中，尽量减少线与线的交叉。有直接电联系的交叉导线连接点，要用小黑圆点表示；无直接电联系的交叉导线的连接点则不画小黑圆点。

6）原理图中，无论是主电路还是辅助电路，各电器一般按动作顺序从上到下、从左到右依次排列，可水平布置或垂直布置。

2. 图内区域的划分

图区下方的 1、2、3 等数字是图区编号，它是为了便于检索电气电路、方便阅读分析及避免遗漏而设置的。

图区上方的“电源、主电动机”等字样，表明对应区域下方元件或电路的功能，使读者能清楚地知道某个元件或某部分电路的功能，便于理解全电路的工作原理。

3. 符号位置的索引

符号位置的索引用图号、页次和图区编号的组合索引法，组合索引代号的组成如图 3-2a 所示。当某一元件相关的各符号元素出现在只有一张图纸的不同区域时，索引代号只用图区号表示，简易索引如图 3-2b 所示。

图 3-1 所示电气原理图图区 8 中 KM2 下面的“7”即为最简单的索引代号，指出接触器 KM2 的线圈位置在图区 7；接触器 KM 线圈下方的是接触器 KM 相应触点的索引。

a) 组合索引　b) 简易索引

图 3-2　索引代号

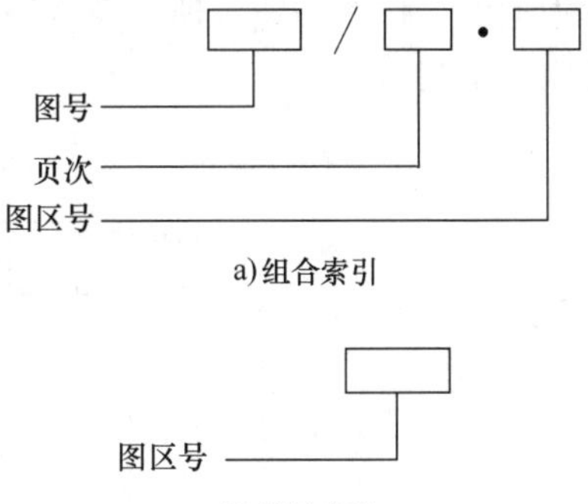

电气原理图中，接触器和继电器线圈与触点的从属关系应用附图来表示，即在原理图中相应线圈的下方，给出触点的图形符号，并在其下面注明相应触点的索引代号，对未使用的触点用“×”表明，有时也可采用上述省去触点的表示法，如图 3-3 所示。

a) 接触器　b) 继电器

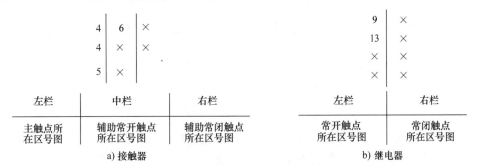

图 3-3　触点的索引代号

对于接触器，上述表示法中各栏的含义如图 3-3a 所示；对于继电器，上述表示法中各栏的含义如图 3-3b 所示。

4. 电气原理图中技术数据的标注

电气元件的数据和型号，一般用小号字体标注在电气元件附近，图 3-4 所示就是热继电器动作电流值范围和整定值的标注。

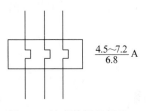

图 3-4　技术数据的标注

（三）电气元件布置图

电气元件布置图主要是用来表明电气设备上所有电动机、电器的实际位置，为生产机械电气控制设备的制造、安装、维修提供必要的资料。以机床电气元件布置图为例，它主要由机床电气设备布置图、控制柜及控制板电气设备布置图、操纵台及悬挂操纵箱电气设备布置图等组成。电气元件布置图可按电气控制系统的复杂程度集中绘制或单独绘制。但绘制这类图形时，机床轮廓线用细实线或点画线表示，所有能见到的以及需表示清楚的电气设备，均用粗实线绘制出简单的外形轮廓。

（四）电气安装接线图

电气安装接线图是为安装电气设备以及电气元件进行配线或检修故障服务的。在图中可显示出电气设备中各元件的空间位置和接线情况，安装或检修时可对照原理图使用。在绘制时根据电器位置布置合理、经济等原则进行。图 3-5 所示是根据图 3-1 所示电气原理图绘制的电气安装接线图。

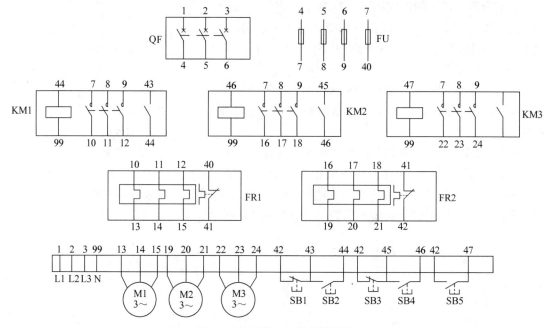

图 3-5　某机床电气安装接线图

接触器和热继电器没有使用的触点可以不画；线路较多时可以不画出导线，只标出线号即可；相同线号是等电位点，接线时必须全部连接在一起。

实际工作中电气设备较多时，还可单独画出电气元件布置图。接线图常与原理图结合起来使用，接线图中的线号，需要先在电气原理图中编号，编号原则会在项目 10 着重讲解。

二、学会电气原理图的读图方法

思考二

面对一张比较复杂的电气原理图，该从何读起呢？

要识读电气原理图，首先要先了解生产设备的构成、运动方式、相互关系以及各电动机和执行电器的用途及控制要求。电气原理图的读图基本原则可以总结成 16 个字：自上而下、从左到右、先主后辅、顺藤摸瓜。具体分析过程如下。

（一）分析主电路

读图必须先从主电路入手。主电路的作用是保证整机拖动要求的实现，从主电路的构成可分析出系统有几个电动机或执行电器，每个电动机或者执行电器都是由什么电器来控制的（比如是接触器控制还是其他电器控制），又是怎么控制的，即其类型、工作方式、起动、转向、调速、制动等内容。

（二）分析控制电路

主电路各控制要求是由控制电路来实现的，分析这部分时可以采用两种方法。

1. 逆推法

从主电路要控制的电动机或者执行电器入手。例如分析图 3-6 所示的三相笼型异步电动机全压起动控制电路，由主电路分析可知，如果要电动机工作，在电源开关闭合的前提下，接触器 KM 的主触点必须闭合才行。

那接触器 KM 的主触点怎么才有可能闭合呢？这就要求接触器 KM 线圈得电才行。

那接触器线圈怎么才能得电呢？观察控制电路，找到 KM 线圈电路，分析这条电路满足什么条件才有可能变成通路呢？经过分析知道，需要按下按钮 SB2。

顺着这条线可以知道：电动机—KM 主触点—KM 线圈—按钮 SB2，从而可以清楚知道电路起动过程为：$SB2^{\pm} \rightarrow KM^{+}$（自锁）$\rightarrow$ 电动机起动。

这种方法适用于不是很复杂的电路分析，基本电气控制电路都可以使用此方法进行分析。

2. 顺藤摸瓜法

先分析主电路，然后将控制电路按功能划分为若干个局部控制电路，从主令电器（如按钮）开始，看电器发令后让哪个电器的线圈得电（藤），其触点动作（瓜）又导致什么电器动作（下一个藤）。依次类推，经过逻辑判断，写出控制流程，以简便明了的方式表达出电路的自动工作过程。

常用机床电气控制电路可以使用此法进行分析。

（三）分析辅助电路

辅助电路包括执行元件的工作状态显示、电源显示、照明等。这部分电路具有相对独立性，起辅助作用但又不影响主要功能。一般都很简单，多数是由控制电路中的电气元件来控制的。

（四）分析联锁与保护环节

生产机械对于安全性、可靠性有很高的要求，要满足这些要求，除了合理地选择拖动、控制方案外，在控制电路中还设置了一系列电气保护和必要的电气联锁。在电气原理图的分析过程中，电气联锁与电气保护环节是一个重要内容，不能遗漏。

思考三

学了那么多的具体电器，这些电器组成怎样的电气电路才能让电动机转起来呢？

在长期实践中，人们将一些控制电路总结成最基本的控制单元以供选用和组合。这里主要介绍应用广泛的三相异步电动机的起动、运行、调速和制动的基本控制电路，以及电路中常用的保护环节。

三、识读三相笼型异步电动机全压起动控制电路

（一）单向全压起动控制电路

小功率电动机（5kW 以下）通常采用全压直接起动，实际使用时，10kW 以下的电动机一般都可以采用全压起动。图 3-6 所示为最简单的三相笼型异步电动机全压起动控制电路。由断路器 QF、熔断器 FU1、接触器 KM 的主触点、热继电器 FR 的热元件与电动机 M 构成主电路。由起动按钮 SB2、停止按钮 SB1、接触器 KM 的线圈及其辅助常开触点、热继电器FR 的常闭触点和熔断器 FU4 构成控制电路。

1. 工作原理

起动时，合上 QF，按下 SB2，交流接触器 KM 线圈通电，接触器主触点闭合，电动机接通三相电源直接起动运转。同时与 SB2 并联的辅助常开触点 KM 闭合，使接触器线圈经此路保持通电的状态。

当 SB2 复位时，接触器 KM 的线圈仍可通过 KM 辅助常开触点继续通电，从而保持电动机的连续运行。这种依靠接触器自身辅助触点而使其线圈保持通电的现象称为自锁。

按下停止按钮 SB1，将控制电路断开。接触器 KM 线圈失电，主触点复位，将三相电源切断，电动机 M 停止旋转。当手松开按钮后，SB1 的常闭触

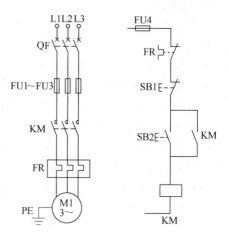

图 3-6　三相笼型异步电动机
全压起动控制电路

点在复位弹簧的作用下，虽又恢复到原来的闭合状态，但接触器线圈已不再能依靠自锁触点通电了。控制过程流程如下：

起动过程：SB2$^{\pm}$→KM^{+}（自锁）→电动机起动；

停车过程：SB1^{+}→KM^{-}→电动机停车。

其中，控制按钮"+"表示被按下，"-"表示松开，"±"表示按钮被按下再松开后依旧有电器得电动作；电器"+"表示线圈得电、触点动作，"-"表示线圈断电、触点复位。

2. 电路的保护环节

（1）短路保护　熔断器 FU 作电路短路保护，但达不到过载保护的目的。其中 FU1 实现主电路短路保护，FU4 实现控制电路短路保护。

（2）过载保护　热继电器 FR 具有过载保护作用。由于热继电器的热惯性比较大，即使热元件流过几倍额定电流，热继电器也不会立即动作。因此，在电动机起动时间不太长的情况下，热继电器是经得起电动机起动电流冲击而不动作的。只有在电动机长时间过载时 FR 才动作，其常闭触点断开控制电路，使接触器断电释放，电动机断电停止旋转，实现电动机过载保护。

（3）欠电压和失电压保护　欠电压保护与失电压保护是依靠接触器本身的电磁机构来实现的。当电源由于某种原因而严重欠电压或失电压时，接触器的衔铁自行释放复位，电动

机断电停止旋转。当电源电压恢复正常时，只有在操作人员再次按下起动按钮 SB2 后电动机才会起动，这个功能叫作零电压保护。

> **温馨提示**
>
> **安全用电小常识**
>
> 控制电路具备了欠电压和失电压保护能力之后，有如下三个方面的优点：
>
> 第一，防止电压严重下降时电动机低压运行；
>
> 第二，避免电动机同时起动而造成的电压严重下降；
>
> 第三，防止电源电压恢复时电动机突然起动运转造成设备和人身事故。

思考四

工厂里有些机床操作需要一直用手按住按钮，很多榨汁机也是这样，这是什么功能呢？

（二）电动机点动控制电路

生产实际中，有的生产机械需要点动控制，还有些生产机械在进行调整工作时采用点动控制，如机床的快速移动多数为点动控制。

图 3-7 所示为最基本的点动控制电路。当按下点动起动按钮 SB 时，接触器 KM 线圈通电吸合，主触点闭合，电动机接通电源。当手松开按钮时，接触器 KM 断电释放，主触点断开，电动机被切断电源而停止旋转。

比较图 3-6 和图 3-7，可以发现点动与长动的区别就在于控制电动机的接触器线圈电路是否有自锁。

图 3-8 所示为既能点动又能长动的电气控制电路。图 3-8a 所示为主电路，与图 3-6 及图 3-7 中的主电路完全相同，即由接触器 KM 的主触点控制电动机的起停。

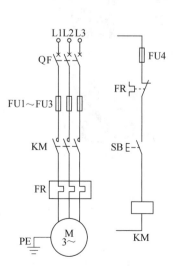

图 3-7 基本点动控制电路

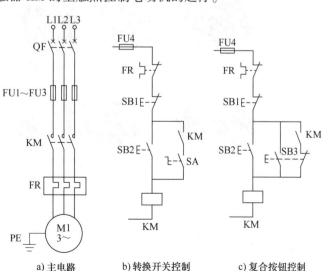

a) 主电路　　　b) 转换开关控制　　　c) 复合按钮控制

图 3-8 既能点动又能长动的电气控制电路

图 3-8b 和 3-8c 所示是由不同电器构成的控制电路。图 3-8b 中增加了一个转换开关 SA，当需要点动时将开关 SA 打开，操作 SB2 即可实现。当需要长动时合上 SA，将自锁触点接入即可实现。

图 3-8c 所示控制电路中增加了一个复合按钮 SB3。按下 SB2，KM 线圈通电，主触点闭合，电动机起动运行，辅助常开触点闭合实现自锁，因此 SB2 是长动控制按钮。需要停车时按下控制按钮 SB1 即可。

若按下按钮 SB3，其常闭触点先断开自锁电路，常开触点后闭合，接通起动控制电路，KM 线圈通电，主触点闭合，电动机起动旋转。当松开 SB3 时，KM 线圈断电，主触点断开，电动机断电停止转动。因此 SB3 是点动控制按钮。

 项目实施　三相笼型异步电动机全压起动控制

技能目标

1. 能按图连接三相异步电动机的全压起动电路，养成善于观察、勤于思考的学习习惯。

2. 会使用万用表进行通电试车前的电路检查，有分析问题和解决实际问题的能力。

3. 依据安全操作规程通电调试，安全意识强，有处理常见故障的维修能力。

4. 按现场 6S 标准规范操作，有职场工作素养。

一、清点器材

项目所需的实训器材包括三相异步电动机 1 台、断路器 1 个、熔断器 4 个、热继电器 1 个、接触器 1 个、按钮 2 个、万用表 1 块、工具 1 套、导线若干，如图 3-9 所示。

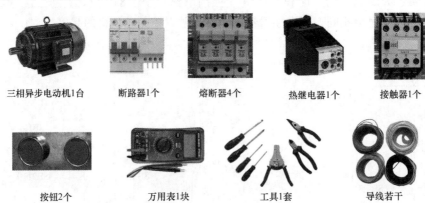

三相异步电动机1台　断路器1个　熔断器4个　热继电器1个　接触器1个

按钮2个　万用表1块　工具1套　导线若干

图 3-9　三相异步电动机全压起动控制实训器材

二、识读电路

三相笼型异步电动机全压起动控制实训电路如图 3-10 所示。

三、选用电器

按图 3-11 所示选用电器。

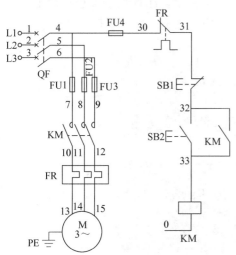

图 3-10　三相笼型异步电动机全压起动
　　　　控制实训电路

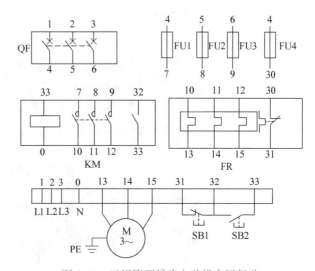

图 3-11　三相笼型异步电动机全压起动
　　　　控制实训接线图

1. 选用断路器

配电盘上有 2 个断路器，看铭牌分别标有 D16 和 C32。断路器上面的 C 和 D 代表的是断路器的脱扣曲线，C 一般用于建筑照明用电等，D 一般用于动力配电。本项目驱动的是三相异步电动机，所以必须选用 D16，如图 3-12 所示。查看检查配电盘上电器是否完好。

2. 选用电动机

实训台上有 2 台电动机：YE2-802-4，绕组丫联结，有 U、V、W 三根引线；JW6314，绕

图 3-12　选用断路器

组丫-△联结，有 U1、V1、W1、U2、V2、W2 六个引线。这里选用的是 YE2-802-4（左侧），如图 3-13 所示。

图 3-13　选用电动机

3. 选用其他电器

选择实训所用的接触器、热继电器和按钮，如图 3-14 所示。注意观察接触器的工作电压，这里选用的交流接触器工作电压为 220V，因此图 3-10 中的 0 号线应该接中性线。

a) 选用接触器

b) 选用热继电器

c) 选用按钮

图 3-14　选用其他电器

四、按图布线

1）按照先主后辅、从上到下、从左到右的顺序进行接线，注意布线合理、正确，导线平直、美观，接线正确、牢固，接线时不可跨接，也不可露出裸线太长，如图 3-15a 所示为裸线过长的不合格接法。

2）检查三相异步电动机 U、V、W

a) 裸线过长　　　　　b) 电动机的接线

图 3-15　布线提示

三根引线是否正确接到端子排上。图 3-15b 所示为电动机的接线。

五、整定电器

调整热继电器处于复位状态。如图 3-16a 所示，热继电器面板上绿色动作指示件凸出为过载状态；调整复位键为手动复位方式，按下复位键，将绿色动作指示件调整到复位状态，如图 3-16b 所示；然后测试热继电器的常闭触点 95-96 是否连通。如果未连通，说明热继电器状态不正常，重新整定。

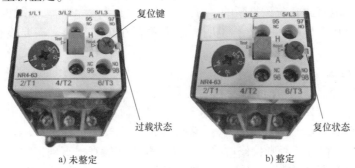

a) 未整定　　　　　　　　　　　b) 整定

图 3-16　整定热继电器

六、常规检查

通电试车前用万用表进行控制电路常规检查，检查步骤如下。

1. 检查主电路

1）合上断路器，使用数字式万用表的二极管档或者指针式万用表的欧姆档（"×1k"档），将红、黑表笔分别接断路器三根相线中的任意两根（如 L1、L2 相），两相间应该是断开的，万用表显示"1."为正常，如图 3-17a 所示；如果有两相间万用表显示为"0"，说明该两相存在短路故障需要检修。

2）万用表两表笔位置保持不动，同时手动按下所选用的接触器 KM，接触器 KM 主触点闭合，主电路连通，如果万用表显示电动机绕组内阻，如图 3-17b 所示，说明正常；如果万用表显示为"0"，说明主电路有短路故障，需要排除。

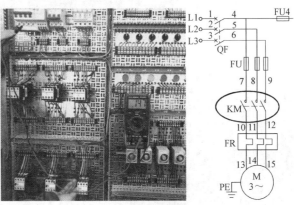

a) 任意两相间应为断开　　　　　　　　　b) 手动按下KM1

图 3-17　检查主电路

3）同理检查 L2、L3 相以及 L1、L3 相。分别手动按下接触器 KM，万用表显示分别从"1."变为电动机绕组内阻为正常。

2. 检查控制电路电源

1）找到控制电路相线。将万用表一只表笔接热继电器 FR 常闭触点的输入端（95 端），另一表笔分别接触电源三根相线，万用表的示数为"0"的那相即是控制电路所用的相线。如图 3-18a 所示中万用表的红色表笔所接那相即为控制电路所用相线。

2）检查控制电路电源。找到控制电路相线后，将万用表一只表笔接控制电路相线，另一表笔接中性线，电路此时应该是断的，万用表显示"1."为正常，如图 3-18b 所示，可以继续检查；如果万用表显示为"0"，说明控制电路存在短路故障，需要检查电路，回到步骤 2）重新检查。

3. 检查控制电路

1）检查 KM 线圈支路。保持两表笔位置不动，一只表笔接控制电路相线，另一表笔接中性线，万用表显示"1."。按下起动按钮 SB2，如果万用表显示数值等于接触器线圈内阻（一般为 400～600Ω），如图 3-19a 所示，说明正常；再按下 SB1，万用表显示"1."，如图 3-19b 所示，继续检查；否则检修电路，并重复此步骤检查，直到正常。

2）检查自锁。保持两表笔位置不动，一只表笔接控制电路相线，另一只表笔接中性线，万用表显示"1."。手动按下接触器，接触器辅助常开触点闭合，如果万用表显示数值等于接触器线圈内阻（一般为 400～600Ω），如图 3-20a 所示，再按下 SB1，万用表重新显示"1."，如图 3-20b 所示，说明自锁也没有问题。可以申请通电试车；否则检修自锁两条线。

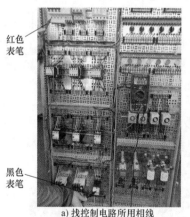

红色表笔

黑色表笔

a）找控制电路所用相线

b）检查相线和中性线之间有无短路

图 3-18 检查控制电路电源

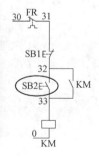

a）按下 SB2

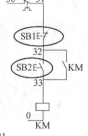

b）按下 SB2 后再按下 SB1

图 3-19 检查 KM 线圈支路

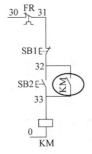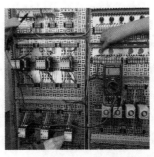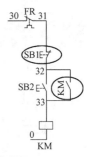

a) 手动按下KM　　　　　　　　　　　　　　b) 按下KM同时再按下SB1

图 3-20　检查自锁

七、通电试车

1）在指导教师监护下试车。按下起动按钮 SB2，电动机起动运行，如发现电器动作异常、电动机不能正常运转时，必须马上按下 SB1 停车，并断电进行检修，注意不允许带电检查。

2）按下 SB1，电动机停车。

八、清理工位

调试成功后，停车，关闭电源，经指导教师同意后，拆线并维护实训设备及其元件，清点工具，清理工作台位，去掉配电盘上的标记。

九、完成报告

完成项目实训报告。

知识拓展

安全用电的重要性

在 21 世纪的今天，生活中到处都在用电，电作为一种能源被广泛利用，它与人们的生活及设备的运转息息相关。然而事物总是有两面性，电在造福人类的同时，也存在着诸多隐患，用电不当就会造成灾难。例如，当电流通过人体（即遭受电击）时，它会对人体造成伤害，轻者破坏了人体的心脏、呼吸系统和神经系统的正常工作，严重时危及人的生命。当用电设备发生故障时，不仅会损坏电气设备，甚至会引发火灾，造成人身伤害和物质损失。因此，在使用电时，不仅要提高安全意识，也要防范它给我们带来的负面影响。

在三相笼型异步电动机全压起动控制实训中开始使用 380V 的交流电，电路连接不正确，可能会发生短路故障及漏电事故，导致电气元件损坏，甚至有可能引起人身安全事故。因此，在实训过程中要严格遵守安全用电规则，通电调试前要用万用表检查电路是否出现短路、漏电现象，通电试车时要规范操作，时刻注意用电安全，培养安全用电观念。

思考五

这个实训电路通电试车后经常会出现哪些故障呢？又需要怎样排除呢？

常见故障现象与检修方法

三相笼型异步电动机全压起动控制常见的故障现象与检修方法见表3-1。

温馨提示	遵守安全操作规程
	通电试车时，如果电动机不动或者嗡嗡作响，电动机有可能处于缺相状态，请马上切断电源，否则电动机很容易被烧毁。

表3-1 三相笼型异步电动机全压起动控制常见故障现象与检修方法

序号	故障现象	检修方法
1	按下起动按钮SB2后，接触器不动作	①教师用万用表AC500V档检查实验台电源插座是否有电、电压值是否正常 ②断电，检查断路器QF是否闭合 ③将万用表两表笔分别放在4号线和30号线上，如果万用表的示数为"0"，则正常，到步骤④继续检查；如果万用表显示"1."，再将两表笔分别放在熔断器两端，如果万用表仍显示"1."，则更换熔断器熔体；如果万用表显示"0"，说明熔断器没有问题，检查4号线和30号线是否存在接触不良，回到步骤③ ④将万用表两表笔分别放在4号线和31号线上，如果万用表的示数为"0"，则正常，到步骤⑤继续检查；如果万用表显示"1."，检查热继电器是否复位，热继电器常闭触点和31号线是否存在接触不良，回到步骤④ ⑤将万用表两表笔分别放在4号线和32号线上，如果万用表显示"0"为正常，到步骤⑥；如果万用表显示"1."，检查SB1常闭触点和32号线，回到步骤⑤ ⑥将万用表两表笔分别放在4号线和33号线上，按下SB2，万用表显示"0"为正常，到步骤⑦；否则检查按钮SB2常开触点和33号线，回到步骤⑥ ⑦将万用表两表笔分别放在按钮出端33号线和中性线上，显示接触器线圈内阻为正常，可以重新试电；否则检查接触器线圈和0号线是否存在接触不良，回到步骤⑦
2	松开SB2后接触器即失电	①说明接触器不能自锁，检查接触器自锁触点两条线（即32号线和33号线）是否接错 ②如果电路没有错，换另外一对常开触点试试
3	起动后，接触器动作，电动机不动或者嗡嗡响，旋转不流畅	①立即断电，检查熔断器FU1~FU3是否熔断 ②检查主电路是否有夹皮子、有线断开或者接错 ③拆下电动机，按下起动按钮SB2，指导教师使用万用表AC500V档检查端子排上13、14和15号线，看线电压是否为380V，如果是，说明电动机线圈接触不良，检查更换后重新试电；否则说明电动机缺相，到步骤④ ④检查1、2、3号线线电压，正常到步骤⑤，不正常检修，回到步骤④ ⑤检查4、5、6号线线电压，正常到步骤⑥，不正常检修，回到步骤⑤ ⑥检查7、8、9号线线电压，正常到步骤⑦，不正常检修，回到步骤⑥ ⑦检查10、11、12号线线电压，正常重新通电试车，不正常检修，回到步骤⑦

 项 目 评 价

项目评价见表3-2。

 技 术 升 级 PLC控制的全压起动

一、I/O口分配

这里使用的PLC是西门子公司S7-200，该PLC有14个输入点，10个输出点。

表 3-2 三相笼型异步电动机全压起动控制考核要求及评分标准

考核内容	考核要求	配分	评分标准	扣分	自评	小组评	教师评
接线	布线合理、正确	55 分	每错 1 处扣 2 分				
	导线平直、美观,不交叉,不跨接		布线不美观、导线不平直、交叉架空跨接,每处扣 1 分				
	接线正确、牢固		裸露导线过长或者接点压接不紧,每处扣 1 分				
试车	试车尽量一次成功,电动机空载运转正常	30 分	试运行步骤方法不正确扣 2~4 分;试运行 1 次不成功扣 10 分,3 次不成功此项不得分				
文明操作	工作台面清洁、工具摆放整齐	10 分	凡违反有关规定,酌情扣 2~4 分,但对发生严重事故者,则取消实训资格				
时间	1.5h 按时完成	5 分	每超时 5min 酌情扣 3~5 分				
总分		100 分					

如图 3-10 所示,三相笼型异步电动机全压起动控制电路中有 2 个控制按钮,即起动按钮 SB2、停车按钮 SB1,占用 2 个 PLC 输入点,被控接触器 1 个,占用 1 个 PLC 输出点。具体端口分配见表 3-3。

表 3-3 I/O 口分配

序号	状态	名称	作用	I/O 口
1	输入	按钮 SB1	控制 KM 停车	I0.1
2	输入	按钮 SB2	控制 KM 起动	I0.0
3	输出	接触器 KM	控制电动机	Q0.0

二、电路改造

PLC 控制的三相笼型异步电动机全压起动控制电路如图 3-21 所示。

三、梯形图设计

PLC 控制的全压起动控制程序梯形图如图 3-22 所示。

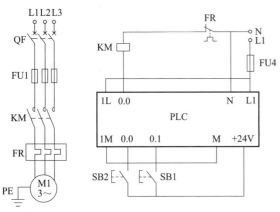

图 3-21 PLC 控制的三相笼型异步
电动机全压起动控制电路

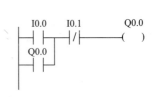

图 3-22 PLC 控制的全压起动
控制程序梯形图

项 目 总 结

1）电气控制系统图主要有电气原理图、电气元件布置图、电气安装接线图等，为了正确绘制和阅读分析这些图纸，必须掌握各类图纸的规定画法及国家标准。

2）电气原理图的读图原则：自上而下、从左到右、先主后辅、顺藤摸瓜。

3）读图必须先从主电路入手。主电路的作用是保证整机拖动要求的实现，从主电路的构成可分析出系统有几个电动机或执行电器，每个电动机或者执行电器都是由什么电器来控制的（比如是接触器控制还是其他电器控制），又是怎么控制的，即其类型、工作方式、起动、转向、调速、制动等内容。

4）主电路各控制要求是由控制电路来实现的，分析控制电路时可以采用两种方法。逆推法即从主电路要控制的电动机或者执行电器入手。顺藤摸瓜法先分析主电路，然后将控制电路按功能划分为若干个局部控制电路，从主令电器（如按钮）开始，看电器发令后让哪个电器的线圈得电（藤），其触点动作（瓜）又导致什么电器动作（下一个藤），依次类推。

5）各类电动机在起动控制中，应注意避免过大的起动电流对电网及传动机械的冲击。小容量电动机（通常在 10kW 以内）允许采用直接起动控制方式。

6）依靠接触器自身辅助触点而使其线圈保持通电的现象称为自锁。点动与长动的区别就在于控制电动机的接触器线圈电路是否有自锁。

7）选用电器时，要仔细查看电器的铭牌。

 项 目 评 测

项目评测内容请扫描二维码。

项目4 三相笼型异步电动机正反转控制

 项目描述

某智能大厦的电梯能上能下是怎样控制的呢？某机床作业左右自动加工是怎么实现的呢？

 项目目标

1. 会读图，能分析三相异步电动机正反转及自动往复循环控制电路工作过程，有对新知识、新技能的学习能力。
2. 能正确选择任务所需的元件，按照电工布线要求完成电路布线。
3. 在通电试车前能对电路进行常规检查，通电调试过程中能正确操作。
4. 能处理三相异步电动机正反转控制及自动往复循环电路的常见故障并能自觉按操作规章排除故障。
5. 在项目实施过程中要具备良好的安全生产意识、职业素养和团队合作精神。

任务1 三相笼型异步电动机正反转控制

 思考一

机床左右加工是怎样实现电动机正反转控制的呢？

在生产加工过程中，往往要求运动部件能正、反两个方向运动，如机床工作台的前进与后退、主轴的正转与反转等，这就要求电动机可以实现正反转。

知识准备

当把通入电动机定子绕组三相电源进线中的任意两相对调后，便可实现三相异步电动机反转控制。

一、接触器互锁正反转控制电路

图 4-1 所示为电动机正反转控制电路。此电路利用两个接触器 KM1、KM2 的辅助常闭触点起相互控制作用，即一个接触器通电时，利用其辅助常闭触点来断开对方线圈所在

电路。

当一个接触器得电时，通过其辅助常闭触点使另一个接触器不能得电，这种相互制约的作用称为互锁。实现互锁的辅助常闭触点称为互锁触点。

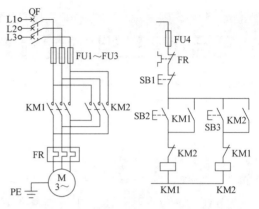

图 4-1　三相异步电动机正反转控制电路

1. 正向起动过程

正向起动：$SB2^{\pm}\rightarrow KM1^{+}$（自锁）→电动机正向起动。

按下正向起动按钮 SB2，接触器 KM1 线圈得电，其辅助常闭触点先断开 KM2 线圈电路实现互锁；然后主触点闭合，电动机正向起动运行，同时辅助常开触点闭合实现自锁。

2. 反向起动过程

反向起动：$SB3^{\pm}\rightarrow KM2^{+}$（自锁）→电动机反向起动。

同理，按下反向起动按钮 SB3，接触器 KM2 线圈得电，其辅助常闭触点先断开 KM1 线圈电路实现互锁；然后主触点闭合，电动机反向起动运行，同时辅助常开触点闭合实现自锁。

3. 停车过程

停车：$SB1^{+}\rightarrow KM1^{-}$（$KM2^{-}$）→电动机停转。

无论电动机正向运行还是反向运行，按下停车按钮 SB1，KM1 或 KM2 线圈失电，接触器主触点复位，电动机与三相电源断开，慢慢停车。

接触器互锁正反转控制电路安全可靠，但是操作不便，当电动机从正转变为反转时，由于接触器的互锁作用，必须先按下停车按钮，才能再按反转起动按钮。为了改善这一不足，可采用双重联锁的正反转控制电路。

> **温馨提示**　**安全保护意识养成**
> 电路的保护环节与全压起动类似：FU1～FU3 实现主电路短路保护，FU4 实现控制电路短路保护，FR 实现电动机的过载保护，接触器的线圈实现失电压、欠电压保护，复位按钮与接触器的自锁实现零电压保护。

二、双重联锁正反转控制电路

双重联锁正反转控制电路如图 4-2 所示，电路采用两个复合按钮 SB2 和 SB3。电路中既有接触器的互锁，又有按钮的联锁，保证了电路可靠地工作，为电力拖动控制系统所常用。

正转起动按钮 SB2 的常开触点用来使正转接触器 KM1 的线圈瞬时通电，其常闭触点则串联在反转接触器 KM2 线圈的电路中，用来实现联锁。反转起动按钮 SB3 也同样安排。即当按下 SB2 或 SB3 时，首先是按钮的常闭触点断开，然后才是常开触点闭合。这样在需要改变电动机运转方向时，就不必按停止按钮了，可直接操作正反转按钮来实现电动机运转情况的改变。

正向起动：$SB2^{\pm}\rightarrow$ $\begin{array}{c}KM2^{-}\\KM1^{+}（自锁）\end{array}$ $\rightarrow$电动机正向起动

反向起动：$SB3^{\pm}\rightarrow$ $\begin{array}{c}KM1^{-}\\KM2^{+}（自锁）\end{array}$ $\rightarrow$电动机反向起动；

停车：$SB1^{+}\rightarrow KM1^{-}（KM2^{-}）\rightarrow$电动机停车。

三、正反转控制电路的电气保护环节

1. 短路保护

熔断器 FU 可实现电路短路保护，但达不到过载保护的目的。其中 FU1～FU3 为主电路短路保护，FU4 为控制电路短路保护。

2. 过载保护

热继电器 FR 具有过载保护作用。只有在电动机长时间过载下 FR 才动作，其常闭触点断开控制电路，使接触器线圈断电释放衔铁，其触点复位，电动机断电停止旋转，实现电动机过载保护。

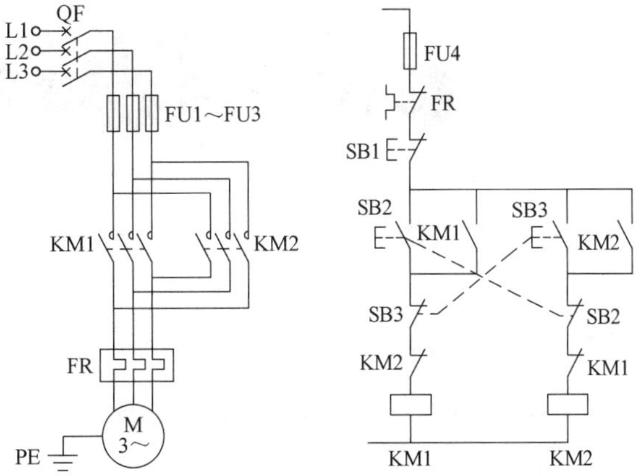

3. 失电压和零电压保护

图 4-2　双重联锁电动机正反转控制电路

欠电压保护与失电压保护是依靠接触器本身的电磁机构来实现的。当电源由于某种原因而严重欠电压或失电压时，接触器 KM1、KM2 的衔铁自行释放复位，电动机断电停止旋转，实现失电压和欠电压保护。

按钮与接触器的自锁共同实现零电压保护。当电源电压恢复正常时，只有在操作人员再次按下起动按钮 SB2 或 SB3 后电动机才会起动，进行零电压保护。

4. 互锁保护

在正反转控制电路中，用来控制电动机正反转的接触器 KM1 与 KM2 不能同时带电工作，否则将造成主电路相间短路。KM1 和 KM2 的辅助常闭触点串入对方线圈电路实现互锁。

 **任务实施**　三相异步电动机正反转控制

技能目标

1. 能正确选择任务所需电气元件并检测元件，按照电工布线要求团队协作共同完成三相异步电动机的正反转控制电路的连接。

2. 通电试车前能对电路进行检查，保证电路安全正常运行。

3. 能及时处理三相异步电动机正反转控制过程中的常见故障，分析原因、检修电路。

4. 能按照生产现场 6S 标准整理现场，培养良好的职业道德。

5. 通过实训操作加深对理论知识的理解，实现理实相容。

一、清点器材

任务所需的实训器材包括三相异步电动机 1 台、断路器 1 个、熔断器 4 个、热继电器 1 个、接触器 2 个、按钮 3 个、万用表 1 块、工具 1 套、导线若干，如图 4-3 所示。

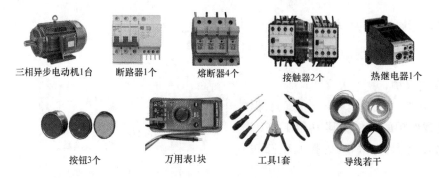

三相异步电动机1台　断路器1个　熔断器4个　接触器2个　热继电器1个

按钮3个　万用表1块　工具1套　导线若干

图 4-3　三相异步电动机正反转控制电路实训器材

二、识读电路

三相异步电动机正反转控制电路如图 4-4 所示。

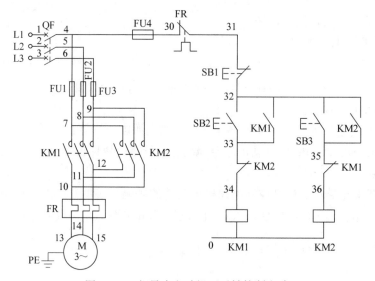

图 4-4　三相异步电动机正反转控制电路

三、选用电器

按图 4-5 在实训设备上选用电器，检测电器是否完好。观察接触器的工作电压。

1）选用型号为 D16 的断路器，如图 4-6a 所示。

2）检测配电盘上的 4 个熔断器是否完好。

3）选择 2 个接触器作为 KM1 和 KM2，做好标记并测试其线圈和触点是否完好，如图 4-6b 所示。

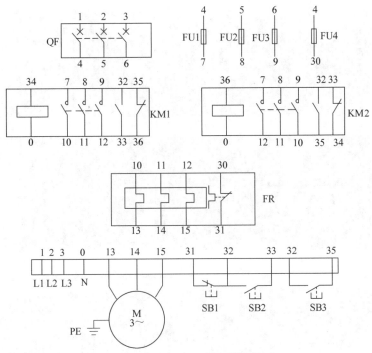

图 4-5　电动机正反转实训接线图

4）选用一个热继电器（右侧），如图 4-6c 所示，调整复位按钮为手动复位方式，并使绿色动作指示件在复位状态，然后测试热继电器的常闭触点是否完好。

5）选择不同颜色的 3 个按钮作为 SB1（红色）、SB2（绿色）、SB3（黄色），如图 4-6d 所示，做好标记并测试其常开、常闭触点是否完好。

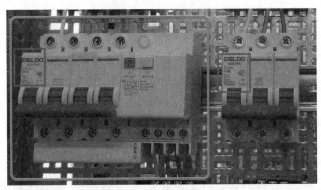

a) 选用断路器

b) 选用接触器

图 4-6　选用电器

c) 选用热继电器

d) 选用按钮

e) 选用电动机

图 4-6　选用电器（续）

6）选用的电动机是 YE2-802-4（左侧），如图 4-6e 所示，绕组丫联结。

四、按图布线

1）按照图 4-4 电路，依据先主后辅、从上到下、从左到右的顺序按图布线，注意布线合理、正确，导线平直、美观，接线正确、牢固。

2）通过改变通入电动机定子绕组三相电源中的任意两相相序来实现电动机正反转是主电路中最容易接错的线。本实训采用 1、3 相序对调，如图 4-7 所示，接触器主触点进线没

a) 接触器主触点进线没有相序对调

b) 接触器主触点出线1、3相序对调

图 4-7　接触器主触点接线

有相序改变，主触点出线 1、3 相序对调。

3）检查选用的三相异步电动机 U、V、W 三根引线是否正确接到端子排上，如图 4-8 所示。

a) 选用的电动机　　　　　　　　　　b) 电动机的接线

图 4-8　电动机接线

五、整定电器

调整热继电器处于复位状态。如图 4-9a 所示，绿色动作指示件凸出热继电器面板为过载状态，调整复位键为手动复位方式，按下复位键，将绿色动作指示件调整到复位状态，如图 4-9b 所示；然后测试热继电器的常闭触点 95-96 两触点是否连通。如果未连通，说明热继电器状态不正常，重新整定。

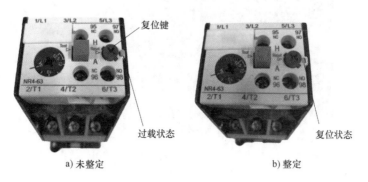

a) 未整定　　　　　　　　　　　　b) 整定

图 4-9　整定热继电器

六、常规检查

通电试车前用万用表进行控制电路常规检查，经指导教师允许后方可接通电源。通电试车前检查步骤如下。

1. 检查主电路

1）合上断路器，使用数字式万用表的二极管档或者指针式万用表的欧姆档（"×1k"档），并将红、黑表笔分别接在三根相线中的任意两根（如 L1、L2 相），两相间应该是断开的，万用表显示"1."为正常，如图 4-10a 所示；如果万用表显示为"0"，说明该两相存在短路故障，需要检查电路。

2）万用表两表笔位置保持不动，手动按下正转接触器 KM1，KM1 主触点闭合，正转主电路连通，如果万用表显示电动机绕组内阻，如图 4-10b 所示，说明正常；如果万用表显示为"0"，说明正转主电路有短路故障，需要排除。

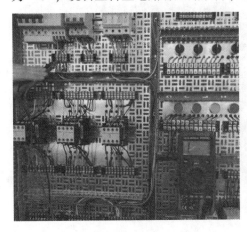

a) 任意两相间应为断开　　　　　　　　　　　　　　b) 手动按下KM1

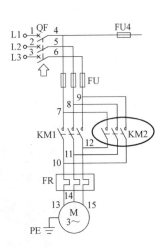

c) 手动按下KM2

图 4-10　检查主电路

3）万用表两表笔位置保持不动，手动按下反转接触器 KM2，KM2 主触点闭合，反转主电路连通，如果万用表显示电动机绕组内阻，如图 4-10c 所示，说明正常；如果万用表显示为"0"，说明反转主电路有短路故障，需要排除。

4）同理检查 L2、L3 相和 L1、L3 相，分别手动按下 KM1、KM2，万用表显示分别从"1."变为电动机绕组内阻为正常。

2. 检查正反转相序对调

1）检查接触器 KM1、KM2 主触点的进线，应该没有相序对调。

把万用表一只表笔放在 KM1 主触点 L1 相进线端，另一表笔分别接 KM2 主触点 L1、L2、L3 相，如果只有接 KM2 主触点 L1 相时万用表示数为"0"（蜂鸣器响），其余两相万用表显示为"1."，是正确的。

同理，检查 KM1 主触点 L2、L3 相进线端，应分别与 KM2 主触点 L2、L3 相进线端相通。

2）检查接触器 KM1、KM2 主触点的出线，应该 L1、L3 相序对调。

把万用表一只表笔放在 KM1 主触点 L1 相的出线端，另一只表笔分别放在 KM2 的三个主触点出线端，如果只有放在 KM2 主触点 L3 相出线端时万用表示数为"0"（蜂鸣器响），其余两相万用表显示为"1."，表示 KM1 的 L1 相序换向正确。

同理，检查 KM1 主触点 L3 相出线端，应与 KM2 主触点 L1 相出线端相通。检查 KM1 主触点 L2 相出线端，应与 KM2 主触点 L2 相出线端相通。

3. 检查控制电路电源

1）找到控制电路相线。方法是将万用表一只表笔接热继电器 FR 的常闭触点的输入端（95 端），另一表笔分别接触电源三条相线，万用表示数为"0"的那相即是控制电路所用的相线。图 4-11a 中万用表的红色表笔所接那相即为控制电路所用相线。

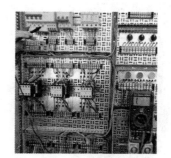

红色表笔

黑色表笔

a) 找控制电路所用相线　　b) 检查控制电路相线和中性线之间有无短路

图 4-11　检查控制电路电源

2）检查控制电路电源。找到控制电路相线后，将万用表一只表笔接控制电路相线，另一表笔接中性线，电路此时应该是断开的，万用表显示"1."为正常，如图 4-11b 所示，继续检查；如果万用表显示为"0"，说明存在短路故障，需要检查电路之后回步骤 2）重新检查。

4. 检查控制正转的 KM1 支路

1）检查 KM1 线圈支路。保持万用表两表笔位置不动，一只表笔接控制电路相线，另一表笔接中性线，万用表显示"1."。按下起动按钮 SB2，如果万用表显示数值等于接触器线圈内阻（一般为 $400 \sim 600\Omega$），说明正常，如图 4-12a 所示，继续检查；如果万用表显示"1."，说明 KM1 线圈电路断路；如果万用表显示"0"，说明 KM1 线圈电路短路，需要检修电路，重新检查。

按住 SB2 别松，再按下 SB1，万用表显示数值从 KM1 线圈内阻变为"1."，如图 4-12b 所示，说明 KM1 电路没有问题；如果依然显示线圈内阻，说明 SB1 常闭触点接触不良或者接错线。

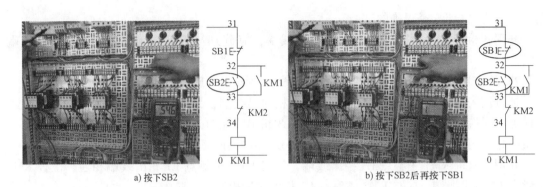

a) 按下SB2　　　　　　　　　　　　b) 按下SB2后再按下SB1

图 4-12　检查控制电路 KM1 线圈支路

2）检查 KM1 自锁。保持万用表两表笔位置不动，一只表笔接控制电路相线，另一表笔接中性线，万用表显示"1."。手动按下接触器 KM1，接触器 KM1 辅助常开触点闭合，如果万用表显示数值等于接触器 KM1 线圈内阻（一般为 400～600Ω），如图 4-13a 所示，说明正常。再按下 SB1，万用表重新显示"1."，如图 4-13b 所示，说明 KM1 自锁接的也没有问题，继续检查；否则检修 KM1 辅助常开触点两条线。

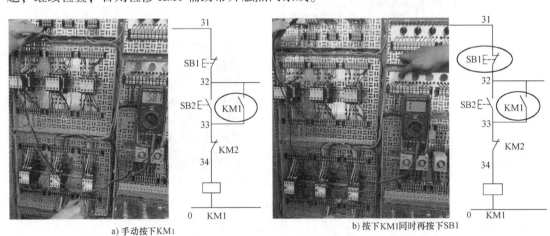

a) 手动按下KM1　　　　　　　　　　b) 按下KM1同时再按下SB1

图 4-13　检查 KM1 支路自锁

3）检查 KM1 互锁。保持两表笔位置不动，一只表笔接控制电路相线，另一表笔接中性线，万用表显示"1."。手动按下接触器 KM1，万用表显示 KM1 线圈内阻，说明正常，如图 4-14a 所示，继续检查。再手动按下接触器 KM2，万用表显示数值从线圈内阻变为"1."，如图 4-14b 所示，说明 KM1 互锁也没有问题。否则检修 KM2 常闭触点两条线，重新检查。

5. 检查控制反转的 KM2 支路

方法同检查控制正转的 KM1 支路。

1）将万用表一只表笔接控制电路相线，另一表笔接中性线，按下 SB3，如果万用表显示数值等于接触器 KM2 线圈内阻，说明正常，再按下 SB1，显示"1."，说明 KM2 线圈支路正常。

2）保持万用表两表笔位置不动，手动按下 KM2，万用表显示 KM2 线圈内阻，再按下 SB1，使万用表显示数值从 KM2 线圈内阻变为"1."，说明 KM2 自锁两条线没有

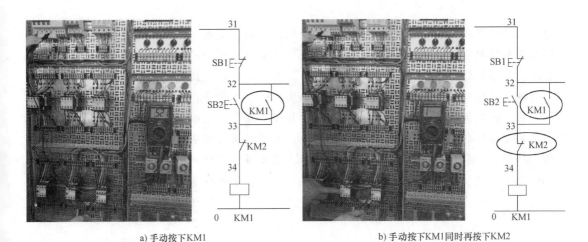

a) 手动按下KM1   b) 手动按下KM1同时再按下KM2

图 4-14 检查 KM1 支路互锁

问题。

3）保持万用表两表笔位置不动，手动按下 KM2，万用表显示接触器 KM2 线圈内阻，再按下 KM1，使万用表显示数值从 KM2 线圈内阻变为 "1."，说明 KM2 互锁正常。

七、通电试车

1）在指导教师监护下试车。先按下起动按钮 SB2 让电动机正转，松开 SB2，电动机依旧正转为正常，否则说明自锁触点损坏而未闭合或线接错；如发现电器动作异常、电动机不能正常运转时，必须马上按下 SB1 停车，断电进行检修，注意不允许带电检查。

2）再按下 SB3，由于互锁没有电器动作为正常，如果有电器动作，说明互锁接错。

3）按下 SB1，电动机停车，再按下 SB3，电动机反转，松开 SB3，电动机依旧反转为正常，否则检修电路。按下 SB1，电动机停车。

注意观察正、反转时电动机的转向，如果电动机转向没有改变，说明主电路相序对调有错误，应进行断电检修。

八、清理工位

调试成功后，停车，关闭电源，经指导教师同意后，拆线并维护实训设备及元件，清点工具，清理工作台位，去掉配电盘上的标记。

九、完成报告

完成任务实训报告。

知识拓展

培养良好的职业道德

职业道德的概念有广义和狭义之分。广义的职业道德是指从业人员在职业活动中应该遵循的行为准则，涵盖了从业人员与服务对象、职业与职工、职业与职业之间的关系。狭义的职业道德是指在一定职业活动中应遵循的、体现一定职业特征的、调整一定职业关系的职业行为准则和规范。职业道德的主要内容包括爱岗敬业、诚实守信、办事公道、服务群众、奉献社会、素质修养六个方面，是一种受社会普遍认可、长期以来自然形成、没有确定形式、通过员工的自律而实现的职业规范。

在三相异步电动机正反转控制实训中，按照任务要求完成线路连接，成功通电试车并达到考核标准，培养忠于职守的职业道德；同学之间互相帮助，小组成员之间分工合作，培养乐于奉献的职业道德；出现故障能主动担当，不推卸责任，培养实事求是的职业道德；实训各个环节都是组内成员独立完成，不抄袭他组方案，培养不弄虚作假的职业道德。

思考二

这个实训电路通电试车后经常会出现哪些故障呢？又需要怎样排除呢？

 常见故障现象与检修方法

三相异步电动机正反转控制电路常见的故障现象与检修方法见表4-1。

表4-1　三相异步电动机正反转控制电路常见故障现象与检修方法

序号	故障现象	检修方法
1	按下起动按钮 SB2 后，接触器不动作	①教师用万用表 AC500V 档检查实验台电源插座是否有电、电压值是否正常 ②断电，检查断路器 QF 是否闭合 ③将万用表两表笔分别放在 4 号线和 30 号线上，如果万用显示"0"为正常，到步骤④继续检查；如果万用表显示"1."，再将两表笔分别放在熔断器两端，如果万用表仍显示"1."，更换熔断器熔体；如果万用表显示"0"，说明熔断器没有问题，检查 4 号线和 30 号线是否接触不良，回到步骤③ ④将万用表两表笔分别放在 4 号线和 31 号线上，如果万用表显示"0"为正常，到步骤⑤继续检查；如果万用表显示"1."，检查热继电器是否复位，热继电器常闭触点和 31 号线是否接触不良，回到步骤④ ⑤将万用表两表笔分别接 4 号线和 32 号线上，如果万用表显示"0"，则为正常，到步骤⑥；如果万用表显示"1."，检查 SB1 常闭触点和 32 号线，回到步骤⑤ ⑥将万用表两表笔分别接 4 号线和 33 号线上，按下 SB2，万用表显示"0"为正常，到步骤⑦；否则检查按钮 SB2 常开触点和 33 号线，回到步骤⑥ ⑦将万用表两表笔分别接按钮出线端 33 号线和 34 号线上，如果万用表的示数为"0"则为正常，到步骤⑧继续检查；如果万用表显示"1."，检查接触器 KM2 常闭触点是否接触不良，回到步骤⑦ ⑧将万用表两表笔分别放在按钮出线端 33 号线和中性线上，万用表显示接触器线圈内阻为正常，可以重新试电；否则检查接触器线圈和 0 号线是否接触不良，回到步骤⑧
2	松开 SB2 后接触器 KM1 即失电	①检查接触器 KM1 自锁触点两条线（即 32、33 号线）是否接错 ②如果电路没有错，换另外一对常开触点试试
3	电动机正向起动后，按下 SB1 不能停车	检查连接接触器 KM1 自锁触点两条线，即 32 号线和 33 号线是否接错位置，尤其是 32 号线

（续）

序号	故障现象	检修方法
4	正转起动停车后，按下反转起动按钮 SB3，接触器 KM2 不工作	①检查按钮 SB3 进线，即 32 号线是否接入 SB3 ②检查 KM2 线圈出线端是否回中性线 ③将万用表两表笔分别放 32 号线和零线之间，按下 SB3，若万用表的示数为接触器线圈内阻，则正常，可以再次试电；如果万用表的示数为"1."，继续到步骤④ ④将表笔从 32 号线移到 35 号线，另一表笔不动，如果万用表显示为接触器线圈内阻，则说明按钮 SB3 损坏，更换按钮重新试电；如果万用表的示数仍为"1."，继续到步骤⑤ ⑤将表笔从 35 号线移到 36 号线，另一表笔不动，如果万用表显示为接触器线圈内阻，则说明 KM1 常闭触点有问题，更换接触器 KM1，重新试电；如果万用表的示数仍为"1."，说明接触器 KM2 线圈接触不良或损坏，更换 KM2 后试电
5	松开 SB3 后接触器 KM2 即失电	①检查接触器 KM2 自锁触点两条线（即 32、35 号线）是否接错 ②如果电路没有错，换另外一对常开触点试试
6	电动机反向起动后，按下 SB1 不能停车	检查连接接触器 KM2 自锁触点的两条线，即 32 号线和 35 号线是否接错位置，尤其是 32 号线
7	起动后，接触器动作，电动机不动或者嗡嗡响，转动不流畅	①立即断电，检查熔断器 FU1~FU3 是否有熔断 ②检查主电路是否有夹皮子、有线断开或者接错 ③拆下电动机，按下起动按钮 SB2，指导教师使用万用表 AC500V 档检查端子排上 13、14 和 15 号线，看线电压是否为 380V，如果是，说明电动机线圈接触不良，检查更换后重新试电；否则说明电动机缺相，到步骤④ ④检查 1、2、3 号线线电压，正常，到步骤⑤；不正常，检修，回到步骤④ ⑤检查 4、5、6 号线线电压，正常，到步骤⑥；不正常，检修，回到步骤⑤ ⑥检查 7、8、9 号线线电压，正常，到步骤⑦；不正常，检修，回到步骤⑥ ⑦检查 10、11、12 号线线电压，正常，重新通电试车；不正常，检修，回到步骤⑦
8	电动机正转正常，反转异常	检查主电路 KM2 主触点连接的 6 条线，判断是否有断开、接触不良、漏电等问题
9	按下 SB3，电动机依然正转	主电路接触器 KM1 和 KM2 主触点，任意两相序对调有问题，常见有以下三种情况：没有相序对调；两次相序对调，即进线对调后出线又对调；三相互相对调

🔄 任务评价

任务评价见表 4-2。

表 4-2　三相异步电动机正反转控制考核要求及评分标准

考核内容	考核要求	配分	评分标准	扣分	自评	小组评	教师评
接线	布线合理、正确，导线平直、美观	25 分	不符合要求每处扣 2 分；布线不美观扣 5~8 分				
	接线正确、牢固	20 分	接触不良每处扣 2~4 分				
	电路接线正确，互锁保护齐全	20 分	接线有错每处扣 4 分；控制功能不全每处扣 4 分				
试车	电动机正反转运转正常	20 分	试运行的步骤方法不正确扣 2~4 分；经 2 次试运行才成功扣 10 分，3 次不成功扣 20 分				
文明操作	工作台面清洁、工具摆放整齐	10 分	凡违反有关规定，酌情扣 2~4 分，但对发生严重事故者，取消实训资格				
时间定额	3h 按时完成	5 分	每超时 5min 酌情扣 3~5 分				
总分			100 分				

　PLC 控制的三相异步电动机正反转

一、I/O 口分配

这里使用的 PLC 是西门子公司 S7-200，该 PLC 有 14 个输入点、10 个输出点。

图 4-4 所示的三相异步电动机正反转控制电路中，控制按钮有 3 个，即正向起动按钮 SB2、反向起动按钮 SB3、停车按钮 SB1，占用 3 个 PLC 输入点。控制电动机正转接触器 KM1，控制电动机反转接触器 KM2，占用 2 个 PLC 输出点。具体端口分配见表 4-3。

表 4-3　I/O 口分配

序号	状态	名称	作用	I/O 口
1	输入	按钮 SB1	控制 KM 停车	I0.0
2	输入	按钮 SB2	控制 KM1 工作	I0.1
3	输入	按钮 SB3	控制 KM2 工作	I0.2
4	输出	接触器 KM1	控制电动机正转	Q0.0
5	输出	接触器 KM2	控制电动机反转	Q0.1

二、电路改造

PLC 控制的三相异步电动机正反转控制电路如图 4-15 所示。需要注意的是，采用 PLC 控制的三相异步电动机正反转控制电路中，除了在程序中互锁外，在硬件电路上也要用接触器辅助触点互锁。这是因为 PLC 扫描周期很短，而接触器触点不能在这么短时间内完成机械动作，必须用接触器辅助触点在硬件电路上进行互锁，保证电路可靠工作。

三、梯形图设计

PLC 控制的三相异步电动机正反转控制程序梯形图如图 4-16 所示。

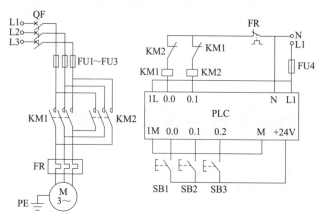

图 4-15　PLC 控制的三相异步电动机正反转控制电路

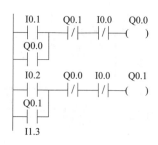

图 4-16　PLC 控制的三相异步电动机正反转控制程序梯形图

任务 2　三相笼型异步电动机自动往复循环控制

 **知识准备**

一、电路工作原理

在生产实践中，有些生产机械的工作台需要自动往复运动，如龙门刨床、导轨磨床等。图 4-17 即为最基本的自动往复循环控制电路，它是利用行程开关实现往复运动控制的，通常被叫作行程控制原则。

在工作台的两边装有两个限位开关，其中限位开关 SQ1 放在左端需要反向的位置，SQ2 放在右端需要反向的位置，机械挡铁装在运动部件上。

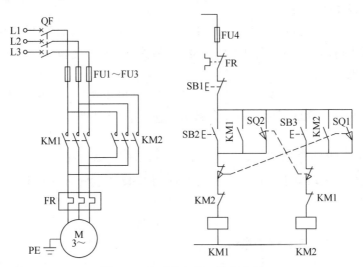

图 4-17　自动往复循环控制电路

按正转按钮 SB2，KM1 通电吸合并自锁，电动机作正向旋转带动机床运动部件左移。当运动部件移至左端并碰到 SQ1 时，将 SQ1 压下，SQ1 常闭触点先断开，切断 KM1 接触器线圈电路；然后其常开触点闭合，接通反转接触器 KM2 线圈电路，电动机由正向旋转变为反向旋转。电动机再带动运动部件向右移动，直到压下 SQ2 限位开关，电动机由反转又变成正转，驱动运行部件进行往复循环运动。

需要停止时，按停止按钮 SB1 即可停止运转，工作过程如下。

起动：$SB2^{\pm} \rightarrow KM1^{+}$（自锁）$\rightarrow$ 电动机正向起动运行 $\xrightarrow{SQ1^{+}} \dfrac{KM1^{-}}{KM2^{+}}$

$\rightarrow$ 电动机反向运行 $\xrightarrow{SQ2^{+}} \dfrac{KM2^{-}}{KM1^{+}} \rightarrow$ 电动机正向运行，往复循环；

停车：$SB1^{+} \rightarrow \dfrac{KM1^{-}}{KM2^{-}} \rightarrow$ 电动机停车。

由上述控制情况可以看出，运动部件每经过一个自动往复循环，电动机要进行两次反接制动过程，将出现较大的反接制动电流和机械冲击。因此，这种电路只适用于电动机容量较小、循环周期较长、电动机转轴具有足够刚性的拖动系统。

二、电路的保护环节

1. 短路保护

熔断器 FU 可实现电路短路保护，但达不到过载保护的目的。其中 FU1～FU3 为主电路短路保护，FU4 为控制电路短路保护。

2. 过载保护

热继电器 FR 具有过载保护作用。只有在电动机长时间过载下 FR 才动作，其常闭触点断开控制电路，使接触器线圈断电释放衔铁，触点复位电动机断电停止旋转，实现电动机过载保护。

3. 失电压和零电压保护

欠电压保护与失电压保护是依靠接触器本身的电磁机构来实现的。当电源由于某种原因而严重欠电压或失电压时，接触器 KM1、KM2 的衔铁自行释放复位，电动机断电停止旋转，实现失电压和欠电压保护。

按钮与接触器的自锁共同实现零电压保护。当电源电压恢复正常时，只有在操作人员再次按下起动按钮 SB2 或 SB3 后电动机才会起动，进行零电压保护。

4. 互锁保护

KM1 和 KM2 的辅助常闭触点串入对方线圈电路实现互锁，行程开关 SQ1 与 SQ2 也构成互锁保护。用来控制电动机正反转的接触器 KM1 与 KM2 不能同时带电工作，否则将造成主电路相间短路。

>> 温馨提示

树立安全保护意识

在自动往复控制电路中，为防止工作台超过限定位置而造成事故，经常需要设置限位保护，常用的限位保护电器是行程开关。

任务实施 三相笼型异步电动机自动往复循环控制

技能目标

1. 能正确选择所需的电气元件并会检测好坏，能按照电工布线要求团队协作完成电路接线。

2. 能通过团队协作共同完成通电试车前电路的初步检查，保证电路安全正常运行。

3. 及时处理自动往复循环控制电路调试过程中的常见故障，能分析原因、检修电路。

4. 能按照生产现场 6S 标准整理现场，培养良好的职业素养。

5. 完成实训报告，总结所学知识点，通过实践加深对自动往复控制电路的理解。

一、清点器材

任务所需的实训器材包括三相异步电动机 1 台、断路器 1 个、熔断器 4 个、热继电器 1 个、接触器 2 个、按钮 3 个、行程开关 2 个、万用表 1 块、工具 1 套、导线若干，如图 4-18 所示。

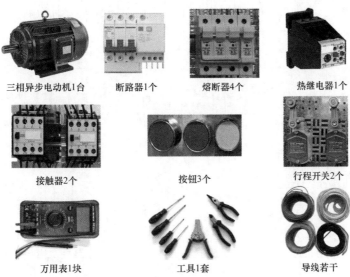

三相异步电动机1台　　断路器1个　　熔断器4个　　热继电器1个

接触器2个　　　　按钮3个　　　　行程开关2个

万用表1块　　　　工具1套　　　　导线若干

图 4-18　三相异步电动机自动往复循环行程控制电路实训器材

二、识读电路

三相异步电动机自动往复循环行程控制实训电路如图 4-19 所示。

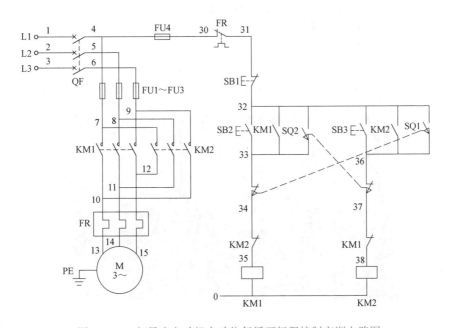

图 4-19　三相异步电动机自动往复循环行程控制实训电路图

三、选用电器

按图 4-20 所示选用电器并检查选用的电器是否完好。

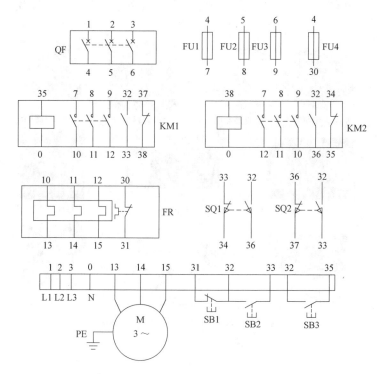

图 4-20 三相异步电动机自动往复循环行程控制实训接线图

1）选用型号为 D16 的断路器，如图 4-21a 所示。

2）检测配电盘上的 4 个熔断器是否完好。

3）选择 2 个接触器作为 KM1 和 KM2，做好标记并测试其线圈和触点是否完好，如图 4-21b 所示。

4）选用 1 个热继电器（右侧），如图 4-21c 所示，调整复位按钮为手动复位方式，并使

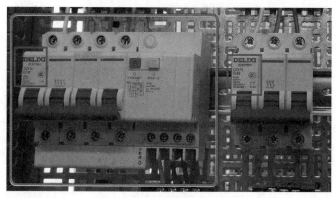

a) 选用断路器

图 4-21 选用电器

b) 选用接触器

c) 选用热继电器

d) 选用按钮

e) 选用行程开关

f) 选用电动机

图 4-21　选用电器（续）

绿色动作指示件在复位状态，然后测试热继电器的常闭触点是否完好。

5）选择不同颜色的 3 个按钮作为 SB1（红色）、SB2（绿色）、SB3（黄色），做好标记并测试其常开、常闭触点是否完好，如图 4-21d 所示。

6）选用 2 个行程开关作为 SQ1（左二）和 SQ2（左一）并做好标记，如图 4-21e 所示，检测行程开关是否完好。

　　7）选用的电动机是 YE2-802-4（左侧），如图 4-21f 所示，电动机绕组丫联结。

四、按图布线

　　1）按照图 4-19 电路，依据先主后辅、从上到下、从左到右的顺序按图布线，注意布线合理、正确，导线平直、美观，接线正确、牢固。

　　2）主电路的接线要注意：通过改变通入电动机定子绕组三相电源中的任意两相相序来实现电动机正反转。如图 4-22 所示，接触器主触点进线没有相序改变，主触点出线 1、3 相序对调。

　　3）控制电路的接线要注意：行程开关 SQ1 的常闭触点与 KM2 辅助常闭触点及 KM1 线圈串联，其常开触点与 KM2 的辅助常开触点并联；行程开关 SQ2 常闭触点与 KM1 的辅助常闭触点及 KM2 线圈串联，其常开触点与 KM1 辅助常开触点并联。

a) 接触器主触点进线　　　　　　　　　　　　　　　b) 接触器主触点出线

图 4-22　实现正反转的接触器主触点接线

　　4）选用的三相异步电动机 U、V、W 三根引线正确接到端子排上。

五、整定电器

　　调整热继电器是否处于复位保护状态。如图 4-23a 所示，绿色动作指示件凸出热继电器面板为过载状态，调整复位键为手动复位方式，按下复位键，将绿色动作指示件调整到复位状态，如图 4-23b 所示；然后测试热继电器的常闭触点 95-96 是否连通。如果未连通，说明热继电器状态不正常，重新整定。

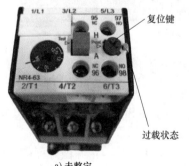 

a) 未整定　　　　　　　　　　　　　　　b) 整定

图 4-23　整定热继电器

六、常规检查

通电试车前用万用表进行主电路和控制电路常规检查，检查步骤如下。

1. 检查主电路

1）合上断路器，使用数字式万用表的二极管档或者指针式万用表的欧姆档（"×1k"档），并将红、黑表笔分别接在三根相线中的任意两根（如 L1、L2 相），两相间应该是断开的，万用表显示"1."为正常，如图 4-24 所示；如果万用表显示为"0"，说明该两相存在短路故障，需要检修电路。

2）保持万用表两表笔位置不动，手动按下正转接触器 KM1，KM1 主触点闭合，正转主电路连通，如果万用表显示电动机绕组内阻，如图 4-25a 所示，说明正常；如果万用表显示为"0"，说明正转主电路有短路故障，需要排除。

3）保持万用表两表笔位置不动，即一只表笔接控制电路相线，另一表笔接中性线，万用表显示"1."。手动按下反转接触器 KM2，KM2 主触点闭合，反转主电路连通，如果万用表显示电动机绕组内阻，如图

图 4-24 检查任意两相间电阻

4-25b 所示，说明正常；如果万用表显示为"0"，说明反转主电路有短路故障，需要排除。

4）同理检查 L2、L3 相和 L1、L3 相，分别手动按下 KM1、KM2，万用表显示分别从"1."变为电动机绕组内阻为正常。

a) 手动按下KM1

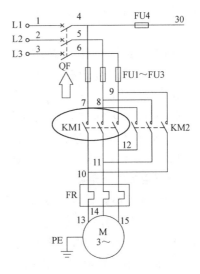

图 4-25 检查主电路

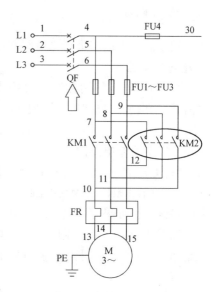

b) 手动按下 KM2

图 4-25　检查主电路（续）

2. 检查正反转相序对调

1）检查接触器 KM1、KM2 主触点的进线，进线应该没有相序对调。

将把万用表一只表笔放在 KM1 主触点 L1 相进线端，另一表笔分别接 KM2 主触点 L1、L2、L3 相，如果只有接 KM2 主触点 L1 相时，万用表示数为"0"（蜂鸣器响），其余两相万用表显示为"1."，是正确的。

同理，检查 KM1 主触点 L2、L3 相进线端，应分别与 KM2 主触点 L2、L3 相进线端相通。

2）检查接触器 KM1、KM2 主触点的出线，应该 L1、L3 相序对调。

把万用表一只表笔放在 KM1 主触点 L1 相的出线端，另一只表笔分别放在 KM2 的三个主触点出线端，如果只有放在 KM2 主触点 L3 相出线端时万用表示数为"0"（蜂鸣器响），其余两相万用表显示为"1."，表示 KM1 的 L1 相序换向正确。

同理，检查 KM1 主触点 L3 相出线端，应与 KM2 主触点 L1 相出线端相通。检查 KM1 主触点 L2 相出线端，应与 KM2 主触点 L2 相出线端相通。

3. 检查控制电路电源

1）找到控制电路相线。方法是将万用表一只表笔接热继电器 FR 的常闭触点的输入端（95 端），另一表笔分别接触电源三根相线，万用表的示数为"0"的那相即是控制电路所用的相线。图 4-26a 中万用表的红色表笔所接那相即为控制电路所用相线。

2）检查控制电路电源。找到控制电路相线后，将万用表一只表笔接控制电路相线，另一表笔接中性线，电路此时应该是断的，万用表显示"1."为正常，如图 4-26b 所示，继续检查；如果万用表显示为"0"，说明存在短路故障，需要检查电路，回步骤 2）重新检查。

红色
表笔

黑色
表笔

a) 找控制电路所用相线　　　　　b) 检查相线和中性线之间有无短路

图 4-26　检查控制电路电源

4. 检查控制正转的 KM1 支路

1）检查 KM1 线圈支路。保持万用表两表笔位置不动，即一只表笔接控制电路相线，另一表笔接中性线，万用表显示"1."。按下起动按钮 SB2，如果万用表显示数值等于接触器 KM1 线圈内阻（一般为 $400\sim600\Omega$），说明正常，如图 4-27a 所示，继续检查。如果万用表显示"1."，说明 KM1 线圈电路断路；如果万用表显示"0"，说明 KM1 线圈电路短路，需要检修电路，重新检查。

按住 SB2 别松，再按下 SB1，万用表显示数值从 KM1 线圈内阻变为"1."，如图 4-27b 所示，说明 KM1 支路没有问题；如果依然显示 KM1 线圈内阻，说明 SB1 常闭触点接触不良或者接错线。

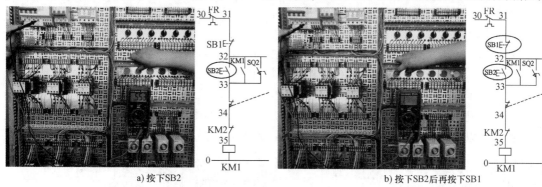

a) 按下SB2　　　　　　　　　b) 按下SB2后再按下SB1

图 4-27　检查控制电路 KM1 线圈支路

2）检查 KM1 自锁。保持万用表两表笔位置不动，即一只表笔接控制电路中性线，另一表笔接中性线，万用表显示"1."。手动按下接触器 KM1，接触器辅助常开触点闭合，如果万用表显示数值等于接触器 KM1 线圈内阻（一般为 $400\sim600\Omega$），如图 4-28a 所示，说明正常。再按下 SB1，万用表重新显示"1."，如图 4-28b 所示，说明 KM1 自锁接的没有问题，继续检查；否则检修 KM1 辅助常开触点两条线。

3）检查用 SQ2 是否能起动正转。保持万用表两表笔位置不动，即一只表笔接控制电路相线，另一表笔接中性线，万用表显示"1."。向任意方向拨动 SQ2 摇臂，如果万用表显示数值等于接触器 KM1 线圈内阻（一般为 $400\sim600\Omega$），如图 4-29a 所示，说明正常。保持 SQ2 摇臂位置不动，再按下 SB1，万用表显示数值从 KM1 线圈内阻变为"1."，如图 4-29b

所示，说明行程开关 SQ2 起动正转没有问题；否则检修 SQ2 常开触点两条线。

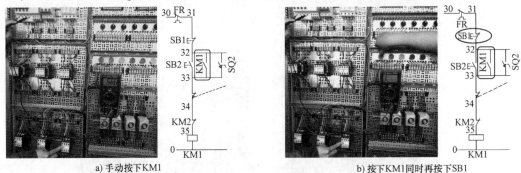

a) 手动按下KM1　　　　　　　　　　b) 按下KM1同时再按下SB1

图 4-28　检查 KM1 支路自锁

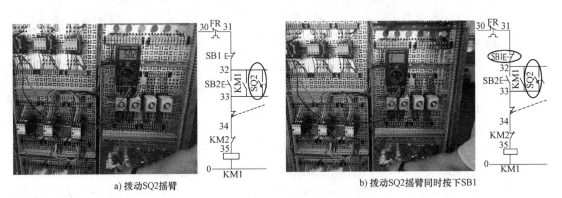

a) 拨动SQ2摇臂　　　　　　　　　　b) 拨动SQ2摇臂同时按下SB1

图 4-29　检查 KM1 支路行程开关起动

4）检查 KM1 互锁。将万用表一只表笔接控制电路相线，另一表笔接中性线，万用表显示"1."。手动按下接触器 KM1，接触器辅助常开触点闭合，如果万用表显示数值等于接触器 KM1 线圈内阻（一般为 400~600Ω），如图 4-30a 所示，说明正常；再同时手动按下接触器 KM2，万用表显示数值从 KM1 线圈内阻变为"1."，如图 4-30b 所示，说明接触器互锁没有问题，可以继续检查；否则检修 KM2 辅助常闭触点两条线。

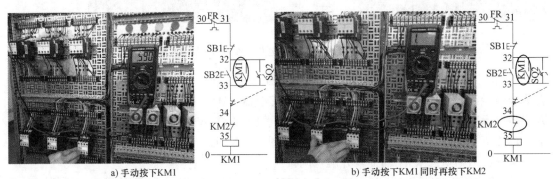

a) 手动按下KM1　　　　　　　　　　b) 手动按下KM1同时再按下KM2

图 4-30　检查 KM1 互锁

5）检查行程开关互锁。保持万用表两表笔位置不动，即一只表笔接控制电路相线，另一表笔接中性线，万用表显示"1."。向任意方向拨动 SQ2 摇臂，如果万用表显示数值等于接触器 KM1 线圈内阻（一般为 400~600Ω），如图 4-31a 所示，说明正常。再向任意方向拨动 SQ1，万用表显示数值从 KM1 线圈内阻变为"1."，如图 4-31b 所示，说明行程开关互锁也没有问题；否则检修 SQ1 常闭触点两条线。

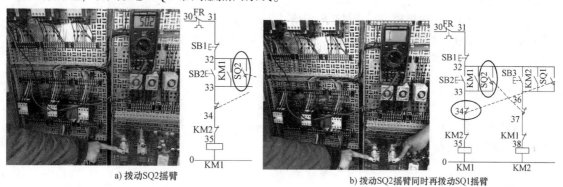

a) 拨动SQ2摇臂　　　　　　　　　　　　b) 拨动SQ2摇臂同时再拨动SQ1摇臂

图 4-31　检查行程开关互锁

5. 检查控制反转的 KM2 支路

将 SQ1、SQ2 拨回原位，检查方法与步骤 4 类似。

1）将万用表一只表笔接控制电路相线，另一表笔接中性线，万用表显示"1."。按下 SB3，如果万用表显示数值等于接触器 KM2 线圈内阻，说明正常，再按下 SB1，万用表重新显示"1."，说明 KM2 线圈支路正常。

2）保持万用表两表笔位置不动，万用表显示"1."。手动按下 KM2，万用表显示 KM2 线圈内阻，再按下 SB1，万用表显示"1."，说明 KM2 自锁正常。

3）保持万用表两表笔位置不动，万用表显示"1."。向任意方向拨动 SQ1，万用表显示 KM2 线圈内阻，同时再按下 SB1，使万用表显示数值从 KM2 线圈内阻变为"1."，说明用 SQ2 起动反转正常。

4）保持万用表两表笔位置不动，万用表显示"1."。手动按下接触器 KM2，万用表显示数值等于接触器 KM2 线圈内阻，再同时手动按下接触器 KM1，万用表显示数值从 KM2 线圈内阻变为"1."，说明 KM2 接触器互锁没有问题。

5）保持万用表两表笔位置不动，万用表显示"1."。向任意方向拨动 SQ1 摇臂，万用表显示数值等于接触器 KM2 线圈内阻，再向任意方向拨动 SQ2，万用表显示数值从 KM2 线圈内阻变为"1."，说明行程开关互锁也没有问题。

七、通电试车

1）在指导教师监护下试车。先按下起动按钮 SB2 让电动机正转，松开 SB2，电动机依旧正转为正常，否则说明自锁接错；如发现电器动作异常、电动机不能正常运转时，必须马上按下 SB1 停车，断电进行检修，注意不允许带电检查。

2）再按下 SB3，由于互锁没有电器动作为正常，如果有电器动作，说明互锁接错。

3）拨动 SQ1 摇臂，观察到 KM2 接触器线圈吸合，KM1 接触器线圈弹开，电动机由正转变为反转为正常，若电动机仍然正转，说明 SQ1 常闭触点接错或主电路相序对调有错误，应进行断电检修。

4）再按下 SB2，由于互锁没有电器动作为正常，如果有电器动作，说明互锁接错。

5）拨动 SQ2 摇臂，观察到 KM1 接触器线圈吸合，KM2 接触器线圈弹开，电动机由反转变为正转为正常，若电动机仍然反转，说明 SQ2 常闭触点接错或主电路相序对调有错误，应进行断电检修。

6）按下 SB1 电动机停车，再按下 SB3 电动机反转，拨动 SQ2 摇臂电动机由反转变为正转，拨动 SQ1 摇臂电动机由正转变为反转为正常；否则按下 SB1，电动机停车并检修电路。

八、清理工位

调试成功后，停车，关闭电源，经指导教师同意后，拆线并维护实训设备及元件，清点工具，清理工作台位，去掉配电盘上标记。

九、完成报告

完成任务实训报告。

知识拓展

培养良好的职业素养

为进一步营造"学校环境中的企业，企业环境中的学校"的氛围，全面提升实训教学管理绩效与教育质量，不仅要完成实践环节的教学任务，还要感受企业氛围，养成良好的企业工作习惯，提高职业能力。在实训教学中遵循 6S 管理，可以规范加工台位，整洁周边环境，养成适应现代化企业需要的工作习惯，毕业后即可与工作岗位"无缝对接"。

6S 即整理（SEIRI）、整顿（SEITON）、清扫（SEISO）、清洁（SEIKETSU）、素养（SHITSUKE）、安全（SAFETY）六个项目。

进行三相异步电动机自动往复行程控制实训时，需要使用螺钉旋具、剥线钳等工具，导线等耗材，电动机、断路器、熔断器、热继电器、接触器、按钮等电器，万用表等仪器。面对如此复杂的实训项目，要严格遵守 6S 管理模式：用完的器材要整理归位；接线端和导线排列要整顿、规范、美观；剥线产生的垃圾要及时清扫；所用设备要保持清洁；接线操作要遵照操作规程；通电试车时要安全第一。

思考三

这个实训电路通电试车后经常会出现哪些故障呢？又需要怎样排除呢？

常见故障现象与检修方法

三相异步电动机自动往复循环行程控制电路常见的故障现象与检修方法见表 4-4。

表 4-4　三相异步电动机自动往复循环行程控制电路常见故障现象与检修方法

序号	故障现象	检修方法
1	按下起动按钮 SB2 后,接触器不动作	①教师用万用表 AC500V 档检查实验台电源插座是否有电、电压值是否正常 ②断电,检查断路器 QF 是否闭合 ③将万用表两表笔分别放在 4 号线和 30 号线上,如果万用表显示"0"为正常,到步骤④继续检查;如果万用表显示"1.",再将两表笔分别放在熔断器两端,如果万用表仍显示"1.",更换熔断器熔体;如果万用表显示"0",说明熔断器没有问题,检查 4 号线和 30 号线是否接触不良,回到步骤③ ④将万用表两表笔分别放在 4 号线和 31 号线上,如果万用表显示"0"为正常,到步骤⑤继续检查;如果万用表显示"1.",检查热继电器是否复位,热继电器常闭触点和 31 号线是否接触不良,回到步骤④ ⑤将万用表两表笔分别接 4 号线和 32 号线上,如果万用表显示"0",则为正常,到步骤⑥;如果万用表显示"1.",检查 SB1 常闭触点和 32 号线,回到步骤⑤ ⑥将万用表两表笔分别接 4 号线和 33 号线上,按下 SB2,万用表显示"0"为正常,到步骤⑦;否则检查 SB2 常开触点和 33 号线,回到步骤⑥ ⑦将万用表两表笔分别接按钮出线端 33 号线和 34 号线上,如果万用表的示数为"0"则为正常,到步骤⑧继续检查;如果万用表显示"1.",检查 SQ1 常闭触点是否接触不良,回到步骤⑦ ⑧将万用表两表笔分别接 SQ1 常闭触点出线端 34 号线和 35 号线上,如果万用表的示数为"0"则为正常,到步骤⑨继续检查;如果万用表显示"1.",检查接触器 KM2 常闭触点是否接触不良,回到步骤⑧ ⑨将万用表两表笔分别放在按钮出线端 33 号线和中性线上,万用表显示接触器线圈内阻为正常,可以重新试电;否则检查接触器线圈和 0 号线是否接触不良,回到步骤⑨
2	松开 SB2 后接触器 KM1 即失电	①检查接触器 KM1 自锁触点两条线(即 32、33 号线)是否接错 ②如果电路没有错,换另外一对常开触点试试
3	电动机正向起动后,拨动 SQ1 摇臂电动机不能反转	①检查行程开关 SQ1 常开触点两条线(32、36 号线)是否接错 ②如果电路没有错,检查 SQ1 常开触点是否正常
4	电动机正向起动后,按下 SB1 不能停车	检查连接接触器 KM1 自锁触点两条线,即 32 号线和 33 号线是否接错位置,尤其是 32 号线
5	正转起动停车后,按下反转起动按钮 SB3,接触器 KM2 不工作	①检查按钮 SB3 进线,即 32 号线是否接入 SB3 ②检查 KM2 线圈出线端是否回中性线 ③将万用表两表笔分别放 32 号线和中性线上,按下 SB3,若万用表的示数为接触器线圈内阻,则正常,可以再次试电;如果万用表的示数为"1.",继续到步骤④ ④将表笔从 32 号线移到 36 号线,另一表笔不动,如果万用表显示为接触器线圈内阻,则说明按钮 SB3 坏,更换按钮重新试电;如果万用表的示数仍为"1.",继续到步骤⑤ ⑤将表笔从 36 号线移到 37 号线,若万用表显示接触器内阻,则说明 SQ2 常闭触点有问题,检查 SQ2。如果万用表示数仍为"1",则继续到步骤⑥ ⑥将表笔从 37 号线移到 38 号线,另一表笔不动,如果万用表显示为接触器线圈内阻,则说明 KM1 常闭触点有问题,更换接触器 KM1,重新试电;如果万用表的示数仍为"1.",说明接触器 KM2 线圈接触不良或损坏,更换 KM2 后试电
6	松开 SB3 后接触器 KM2 即失电	①检查接触器 KM2 自锁触点两条线(即 32、36 号线)是否接错 ②如果电路没有错,换另外一对常开触点试试
7	电动机反向起动后,拨动 SQ2 摇臂,电动机不能正转	①检查行程开关 SQ2 常开触点两条线(32、33 号线)是否接错 ②如果电路没有错,检查 SQ2 常开触点是否正常

（续）

序号	故障现象	检修方法
8	电动机反向起动后,按下 SB1 不能停车	检查接触器 KM2 自锁触点两条线,即 32 号线和 36 号线是否接错位置,尤其是 32 号线
9	起动后,接触器动作,电动机不动或者嗡嗡响,转动不流畅	①立即断电,检查熔断器 FU1~FU3 是否有熔断 ②检查主电路是否有夹皮子、有线断开或者接错 ③拆下电动机,按下起动按钮 SB2,指导教师使用万用表 AC500V 档检查端子排上 13、14 和 15 号线,看线电压是否为 380V,如果是,说明电动机线圈接触不良,检查更换后重新试电;否则说明电动机缺相,到步骤④ ④检查 1、2、3 号线线电压,正常,到步骤⑤;不正常,检修,回到步骤④ ⑤检查 4、5、6 号线线电压,正常,到步骤⑥;不正常,检修,回到步骤⑤ ⑥检查 7、8、9 号线线电压,正常,到步骤⑦;不正常,检修,回到步骤⑥ ⑦检查 10、11、12 号线线电压,正常,重新通电试车;不正常,检修,回到步骤⑦
10	正转正常,反转异常	检查主电路 KM2 主触点连接的 6 条线,判断是否有断开、接触不良、漏线等问题
11	按下 SB3,电动机依然正转	主电路接触器 KM1 和 KM2 主触点,任意两相相序对调有问题,常见有以下三种情况:没有相序对调;两次相序对调,即进线对调后出线又对调;三相互相对调

 **任务评价**

任务评价见表 4-5。

表 4-5　三相异步电动机自动往复循环行程控制考核要求及评分标准

考核内容	考核要求	配分	评分标准	扣分	自评	小组评	教师评
接线	布线合理、正确,导线平直、美观	25 分	不符合要求每处扣 2 分;布线不美观扣 5~8 分				
	接线正确、牢固	20 分	接触不良每处扣 2~4 分				
	电路接线正确,互锁保护齐全	20 分	接线有错每处扣 4 分;控制功能不全每处扣 4 分				
试车	模拟电动机自动往复运转正常	20 分	试运行的步骤方法不正确扣 2~4 分;经 2 次试运行才成功扣 10 分,3 次不成功扣 20 分				
文明操作	工作台面清洁、工具摆放整齐	10 分	凡违反有关规定,酌情扣 2~4 分,但对发生严重事故者,则取消实训资格				
时间定额	3h 按时完成	5 分	每超时 5min 酌情扣 3~5 分				
总分			100 分				

技术升级　PLC 控制的自动往复循环

一、I/O 口分配

这里使用的 PLC 是西门子公司 S7-200,该 PLC 有 14 个输入点,10 个输出点。

如图 4-19 所示的三相异步电动机自动往复循环行程控制电路中,有 3 个控制按钮,2 个行程开关,即正向起动按钮 SB2、反向起动按钮 SB3、停车按钮 SB1、正转切换反转行程开关 SQ1、反转切换正转行程开关 SQ2，占用 5 个 PLC 输入点。控制电动机正转接触器 KM1，控制电动机反转接触器 KM2，占用 2 个 PLC 输出点。具体端口分配见表 4-6。

表 4-6 I/O 口分配

序号	状态	名称	作用	I/O 口
1	输入	按钮 SB1	控制 KM 停车	I0.0
2	输入	按钮 SB2	控制 KM1 工作	I0.1
3	输入	按钮 SB3	控制 KM2 工作	I0.2
4	输入	行程开关 SQ1	将正转自动切换反转	I0.3
5	输入	行程开关 SQ2	将反转自动切换正转	I0.4
6	输出	接触器 KM1	控制电动机正转	Q0.0
7	输出	接触器 KM2	控制电动机反转	Q0.1

二、电路改造

PLC 控制的三相异步电动机自动往复循环行程控制电路如图 4-32 所示。提醒注意的是，采用 PLC 控制的自动往复行程控制电路中，除了在程序中互锁外，在硬件电路上也要用接触器辅助触点互锁。这是因为 PLC 扫描周期很短，而接触器触点不能在这么短时间内完成机械动作，必须用接触器辅助触点在硬件电路上进行互锁，保证电路可靠工作。

三、梯形图设计

三相异步电动机自动往复循环行程控制程序梯形图如图 4-33 所示。

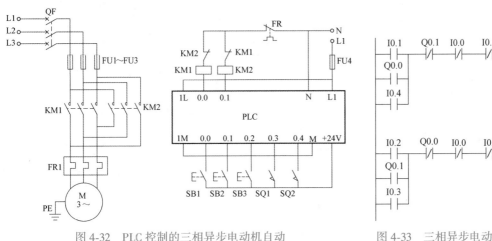

图 4-32 PLC 控制的三相异步电动机自动
往复循环行程控制电路

图 4-33 三相异步电动机自动往复
循环行程控制程序梯形图

▶ 项目总结

1）电动机运行中的正反转、自动循环控制等基本电路通常是采用各种主令电器、各种控制电器及控制触点按一定逻辑关系的不同组合来实现，其共同规律是：

① 当几个条件中只要有一个条件满足，接触器线圈就通电，可以采用并联接法（"或"逻辑）；

② 只有所有条件都具备，接触器才得电，可采用串联接法（"与"逻辑）；

③ 要求第一个接触器得电后，第二个接触器才能得电（或不允许得电），可以将前者常开（或常闭）触点串接在第二个接触器线圈的控制电路中，或者第二个接触器控制线圈的电源从前者的自锁触点后引入。

2）当把通入电动机定子绕组三相电源进线中的任意两相对调，便可实现三相异步电动机反转控制。

3）当一个接触器得电时，通过其辅助常闭触点使另一个接触器不能得电，这种相互制约的作用称为互锁。实现互锁的辅助常闭触点称为互锁触点。

 项目评测

项目评测内容请扫描二维码。

项目5 三相笼型异步电动机减压起动控制

项目描述

某车间要控制两台30kW的电动机起动，其中一台电动机配电盘上配有电阻和时间继电器，另外一台电动机配电盘上只有时间继电器，如何实现起动呢？

项目目标

1. 了解常用减压起动方法的实现。
2. 能识读减压起动控制电路原理图，分析减压起动控制电路工作过程及电路中的电气保护环节。
3. 能合理选用电器，会按图布线，控制三相笼型异步电动机的减压起动。
4. 会通电试车前的电路检查方法，通电调试时能处理常见故障。
5. 能按照6S管理规范整理现场，养成良好的职业素养，有团队协作能力。

较大容量的笼型异步电动机（大于10kW）因起动电流较大，一般都采用减压起动方式来起动，起动时降低加在电动机定子绕组上的电压，起动后再将电压恢复到额定值，使之在正常电压下运行。由于电枢电流和电压成正比，所以降低电压可以减小起动电流，不会在电路中产生过大的电压降，减少对电路电压的影响。

本项目介绍较常用的定子串电阻（或电抗）、星形-三角形换接、自耦变压器等减压起动方法。

任务1 三相笼型异步电动机定子串电阻减压起动控制

一、电路工作原理

图5-1所示为定子串电阻减压起动控制电路。电动机起动时在三相定子电路中串接电阻，使电动机定子绕组电压降低，起动结束后再将电阻短接，保证电动机在额定电压下正常运行。这种起动方式由于不受电动机接线形式的限制，设备简单，在中小型生产机械中应用较广。

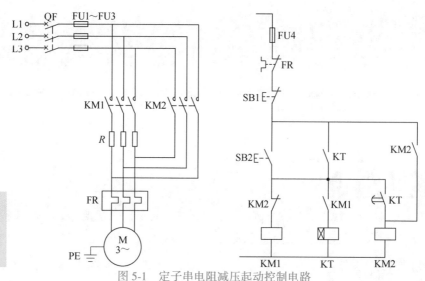

图 5-1　定子串电阻减压起动控制电路

合上断路器 QF，按起动按钮 SB2，KM1 得电吸合，电动机串电阻 R 起动；同时时间继电器 KT 得电吸合，其延时闭合常开触点的延时闭合使接触器 KM2 不能马上得电。

经一段时间的延时后，KM2 线圈得电动作，其辅助常闭触点先将 KM1 及 KT 线圈电路切断，然后 KM2 主触点动作，将主电路电阻 R 短接，电动机在全电压下稳定正常运转，同时其辅助常开触点保证 KM2 线圈自锁。工作过程介绍如下。

起动：

$$SB2^{\pm} \rightarrow KM1^{+} \rightarrow \begin{cases} 电动机串电阻减压起动 \\ KT^{+}(自锁) \xrightarrow{\text{延时时间到}} KM2^{+}(自锁) \rightarrow \begin{cases} R\ 被短接 \\ KM1^{-} \rightarrow KT^{-} \end{cases} \rightarrow 电动机全压运行； \end{cases}$$

停车：$SB1^{+} \rightarrow KM2^{-} \rightarrow$ 电动机断电停车。

起动电阻一般采用由电阻丝绕制的板式电阻或铸铁电阻，电阻功率大，能够通过较大电流，但能量损耗较大。为了降低能耗可采用电抗器代替电阻，但其价格较贵，成本较高。

二、电路的电气保护环节

1. 短路保护

熔断器 FU 可实现电路短路保护，但达不到过载保护的目的。其中 FU1～FU3 为主电路短路保护，FU4 为控制电路短路保护。

2. 过载保护

热继电器 FR 具有过载保护作用。只有在电动机长时间过载下 FR 才动作，其常闭触点断开控制电路，使接触器线圈断电释放衔铁，电动机断电停止旋转，实现电动机过载保护。

3. 失电压和零电压保护

欠电压保护与失电压保护是依靠接触器本身的电磁机构来实现的。当电源由于某种原因而严重欠电压或失电压时，接触器 KM1、KM2 的衔铁自行释放复位，电动机断电停止旋转，实现失电压和欠电压保护。

按钮与接触器的自锁共同实现零电压保护。当电源电压恢复正常时，只有在操作人员再次按下起动按钮 SB2 后电动机才会起动，进行零电压保护。

 **任务实施** 三相异步电动机定子串电阻减压起动控制

技能目标

1. 能按图连接电动机串电阻减压起动控制电路，团队协作能力强。
2. 能按照安全操作规程在通电试车前对电路进行初步检查，能正确操作控制电路运行。
3. 会处理通电调试过程中的常见故障，提高解决实际问题的能力。
4. 能按现场 6S 标准规范操作，认真贯彻标准及规范。

一、清点器材

任务所需的实训器材包括三相异步电动机 1 台、断路器 1 个、熔断器 4 个、热继电器 1 个、接触器 2 个、时间继电器 1 个、电阻器 3 个、按钮 2 个、万用表 1 块、工具 1 套、导线若干，如图 5-2 所示。

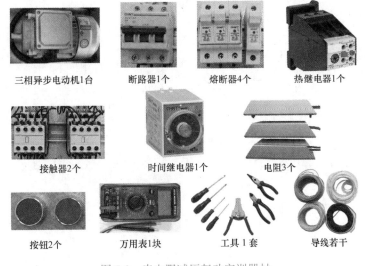

三相异步电动机1台　断路器1个　熔断器4个　热继电器1个

接触器2个　　时间继电器1个　　电阻3个

按钮2个　　万用表1块　　工具1套　　导线若干

图 5-2 串电阻减压起动实训器材

二、识读电路

三相异步电动机串电阻减压起动控制实训电路如图 5-3 所示。

三、选用电器

按图 5-4 选用电器，做好标记，检查所选电器是否完好。

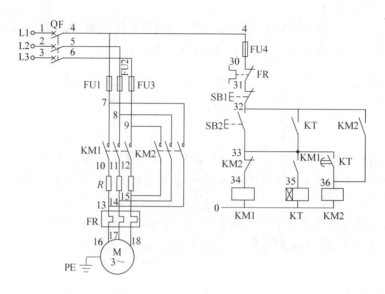

图 5-3　三相异步电动机串电阻减压起动实训电路

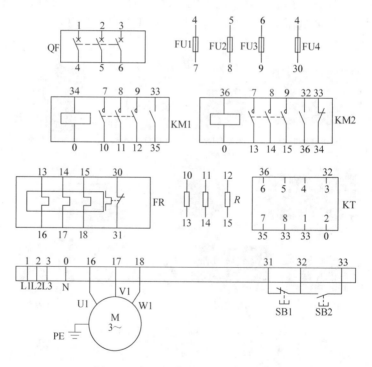

图 5-4　串电阻减压起动实训接线图

1）选用型号为 D6 的断路器（左），如图 5-5a 所示。检测配电盘上的 4 个熔断器是否完好。

2）选择 2 个接触器作为 KM1 和 KM2，如图 5-5b 所示，做好标记并测试其线圈和触点是否完好。

a) 选用断路器和熔断器

b) 选用接触器

c) 选用时间继电器和热继电器

d) 选用按钮和电阻

e) 选用电动机

图 5-5 选用电器

3）选用 1 个时间继电器（最左侧），选用 1 个热继电器（左侧），如图 5-5c 所示，调整复位按钮为手动复位方式，并使绿色动作指示件在复位状态，然后测试热继电器的常闭触点是否完好。

4）选择不同颜色的 2 个按钮作为 SB1（红色）、SB2（绿色），如图 5-5d 所示，做好标记并测试其常开、常闭触点是否完好。

5）选用制动电阻 3 个，如图 5-5d 所示。

6）选用三相异步电动机（左二），如图 5-5e 所示，可以进行丫-△换接，本任务做三角形联结。

四、按图布线

1）依据先主后辅、从上到下、从左到右的顺序，按图 5-3 接线，注意布线合理、正确、导线平直、美观，接线正确、牢固。

2）电动机有 6 个出线端 U1、V1、W1、U2、V2、W2，这里接成三角形联结，电动机绕组接法示意图如图 5-6a 所示，外部实际接线如图 5-6b 所示。

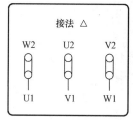  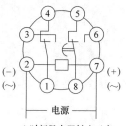 

a) 电动机△联结　　　b) 电动机接线　　　c) 时间继电器触点示意　　　d) 时间继电器底座

图 5-6　电动机与时间继电器的接线

3）注意时间继电器的线较多，避免接错。如图 5-6c 所示为时间继电器触点示意图，对照时间继电器底座上的引脚号，如图 5-6d 所示。若读电气原理图有困难，可按照图 5-4 实训项目接线图，对照时间继电器底座上的引脚号，按照线号顺序依次连线。

五、整定电器

1）将时间继电器延时时间调为 5s，根据图 5-7a 所示，将时间设定开关设在 1、4 位置，如图 5-7b 所示，定时时间范围为 0~10s。旋转时间设定电位器，设定时间为 5s。

a) 时间继电器延时范围选择示意　b) 时间继电器定时设定　　c) 热继电器过载状态　　d) 热继电器复位状态

图 5-7　整定电器

2）将热继电器复位。热继电器复位键处于过载状态时如图 5-7c 所示，处于复位状态时如图 5-7d 所示。

六、常规检查

1. 检查主电路

1）合上断路器，如图 5-8a 所示，使用数字式万用表的二极管档或者指针式万用表的欧姆档（"×1k"档），并将红、黑表笔分别接在三根相线中的任意两根（如 L1、L2 两相），两相间应该是断开的，万用表显示"1."为正常；如果万用表指示为"0"，说明该两相存在短路故障，需要检查电路。

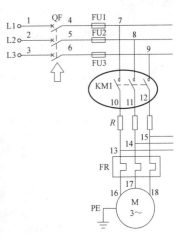

a) 检查L1、L2两相间电阻　　　　　b) 手动按下KM1

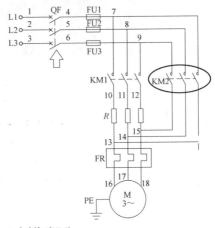

c) 手动按下KM2

图 5-8　检查主电路

2）保持万用表两表笔位置不动，手动按下接触器 KM1，KM1 主触点闭合，主电路连通，如果万用表显示电动机绕组内阻与电阻 R 总阻值，如图 5-8b 所示，说明正常，继续到步骤 3）检查；如果万用表显示为"0"，说明主电路中 KM1 支路有短路故障，需要检查排除之后返回步骤 2）。

3）保持万用表两表笔位置不动，手动按下接触器 KM2，KM2 主触点闭合，主电路连通，如果万用表显示电动机绕组内阻，如图5-8c所示，说明正常，继续到步骤4）检查；如果万用表显示为"0"，说明主电路中KM2支路有短路故障，需要检查排除之后返回步骤3）。

4）同理检查L2、L3两相和L1、L3两相，分别手动按下KM1、KM2，万用表显示分别从"1."变为电动机绕组内阻为正常。

2. 检查控制电路电源

1）找到控制电路相线。方法是将万用表一只表笔接热继电器FR常闭触点的输入端（95端），另一表笔分别接触三根相线，万用表的示数为"0"的那相即是控制电路所用的相线。图5-9a中万用表的红色表笔所接那相即为控制电路所用相线。

2）检查控制电路电源。找到控制电路相线后，将万用表一只表笔接控制电路相线，另一表笔接中性线，电路此时应该是断开的，万用表显示"1."为正常，如图5-9b所示，继续检查；如果万用表显示为"0"，说明存在短路故障，需要检查电路之后返回步骤2）重新检查。

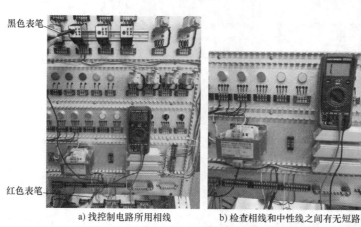

a) 找控制电路所用相线　　b) 检查相线和中性线之间有无短路

图5-9　检查控制电路电源

3. 检查控制电路KM1支路

1）保持万用表两表笔位置不动，即一只表笔接控制电路相线，另一表笔接中性线，万用表显示"1."。按下起动按钮SB2，如果万用表显示数值等于接触器KM1线圈内阻（一般为400~600Ω），说明正常，如图5-10a所示，继续检查；如果万用表显示"1."，说明KM1线圈电路断路；如果万用表显示"0"，说明KM1线圈电路短路，需要检修电路，重新检查。

2）按住SB2别松，再按下SB1，万用表显示数值从KM1线圈内阻变为"1."，如图5-10b所示，说明KM1线圈支路没有问题，如果依然显示线圈内阻，说明SB1常闭触点接触不良或者接错线。

4. 检查KM2自锁

将万用表一只表笔接控制电路相线，另一表笔接中性线，电路此时应该是断的，万用表显示"1."为正常。手动按下接触器KM2，如果万用表显示数值等于接触器KM2线圈内阻（一般为400~600Ω），说明正常，如图5-11a所示；如果万用表显示"1."，说明KM2辅助常开触

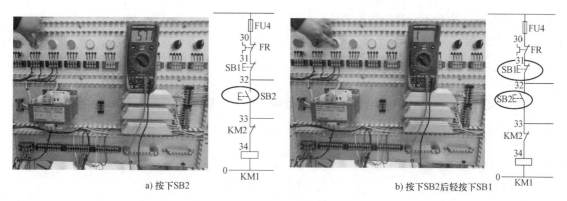

a) 按下SB2
b) 按下SB2后轻按下SB1

图 5-10　检查控制电路 KM1 支路

点接错；如果万用表显示"0"，说明 KM2 线圈支路短路，需要检修电路，重新检查。

保持 KM2 按住不动，同时按下 SB1，万用表显示数值从 KM2 线圈内阻变为"1."，如图 5-11b 所示，说明 KM2 自锁没有问题。

其他支路无法使用万用表整体检查，可以尝试通电试车，发现故障后再进行分析检修。

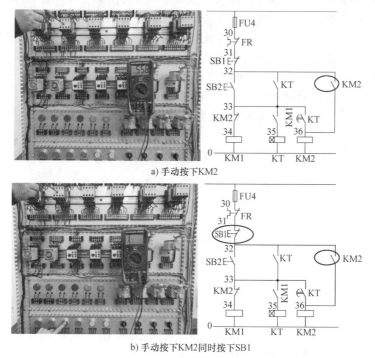

a) 手动按下KM2
b) 手动按下KM2同时按下SB1

图 5-11　检查控制电路 KM2 自锁

七、通电试车

1）在指导教师监护下通电试车。按下起动按钮 SB2 再松开，KM1 和 KT 线圈得电（KT 正面面板上"ON"灯亮），电动机串电阻减压起动；5s 后 KT 面板上"UP"灯亮，KM2 线圈得电动作，KM1 断电复位，电动机全压运行。如发现电器动作异常、电动机不能正常运转时，必须马上按下 SB1 停车，断电后再进行检修，注意不允许带电检查。

2）按下 SB1，电动机停车。

八、清理工位

调试成功后，停车，关闭电源，经指导教师同意后，拆线并维护实训设备及元件，清点工具，清理工作台位，去掉配电盘上的标记。

九、完成报告

完成任务实训报告。

知识拓展

重视理想信念

育人必先育德，育德必先欲魂。魂是什么？魂就是每个人的理想和信念。部分同学进入大学后失去奋斗目标，每日以游戏为主业、学习为副业，浑浑噩噩地生活，这就是没有理想信念的具体表现。同学们应当正确认识自己的社会责任，把眼前利益和长远利益统一起来，把个人理想融入到全体人民的共同理想当中，积极投身到能提升自己综合素质的各项学习活动中，树立为国家建设和民族复兴贡献力量的理想信念。有了理想信念，精神上就不会缺"钙"，生活就有目标，学习就有动力。

在定子串电阻减压起动控制实训中，同学们理论知识的掌握程度不一样，需要给自己设定分层次学习目标，完成适合自己的学习任务，就不会有畏难情绪，反而有了努力完成任务的坚定信念。信念有了，完成实训任务的动力自然就产生了。为国家建设和民族复兴贡献力量的伟大理想信念正是由这些小小的理想信念汇集而成的。

思考一

这个实训电路通电试车后经常会出现哪些故障呢？又需要怎样排除呢？

 常见故障现象与检修方法

通电试车过程中，不管出现什么故障现象，必须关闭 QF，切断电源后进行电路分析和检修，必要时可以请指导教师协助检修。

三相异步电动机串电阻减压起动常见的故障现象与检修方法见表 5-1。

表 5-1　三相异步电动机串电阻减压起动常见故障现象与检修方法

序号	故障现象	检修方法
1	按下起动按钮 SB2 后，接触器 KM1 不动作	①教师用万用表 AC500V 档检查实验台电源插座是否有电、电压值是否正常 ②断电，检查断路器 QF 是否闭合 ③将万用表两表笔分别放在 4 号线和 30 号线上，如果万用表的示数为"0"，正常，到步骤④继续检查；如果万用表显示"1."，再将两表笔分接熔断器两端，如果万用表仍显示"1."，则更换熔断器熔体；如果万用表显示"0"，说明熔断器没有问题，检查 4 号线和 30 号线是否接触不良，回到步骤③

（续）

序号	故障现象	检修方法
1	按下起动按钮 SB2 后，接触器 KM1 不动作	④将万用表两表笔分别接 4 号线和 31 号线上，如果万用表显示"0"为正常，到步骤⑤继续检查；如果万用表显示"1."，检查热继电器是否复位，热继电器常闭触点和 31 号线是否接触不良，回到步骤④ ⑤将万用表两表笔分别接 4 号线和 32 号线上，如果万用表显示"0"，正常，到步骤⑥；如果万用表显示"1."，检查 SB1 常闭触点和 32 号线，回到步骤⑤ ⑥将万用表两表笔分别接 4 号线和 33 号线上，按下 SB2，万用表显示"0"为正常，到步骤⑦；否则检查按钮 SB2 常开触点和 33 号线，回到步骤⑥ ⑦将万用表两表笔分别接按钮出线端 33 号线和 34 号线上，如果万用表显示"0"为正常，到步骤⑧继续检查；如果万用表显示"1."，检查接触器 KM2 常闭触点是否接触不良，回到步骤⑦ ⑧将万用表两表笔分别接按钮出线端 33 号线和中性线，万用表显示接触器线圈内阻为正常，可以重新试电；否则检查接触器线圈和 0 号线是否接触不良，回到步骤⑧
2	按下起动按钮 SB2 后，KM1 工作，但是 KT 不工作	①检查 KM1 辅助常开触点进出线，即 33 和 35 号线是否接错 ②检查时间继电器线圈进出线，即 35 号线接 KT 的 7 号端，0 号线接 KT 的 2 号线，并接中性线 ③若电路没有错误的话，更换 KM1 的辅助常开触点 ④更换时间继电器 KT
3	松开 SB2 后 KM1、KT 即失电	①KT 没有完成自锁，检查 KT 瞬时常开触点进出线，32 号线接到 KT 的 3 端，33 号线接到 KT 的 1 端，检查线是否接触不良 ②若电路没有错误的话，更换时间继电器 KT
4	延时时间到后，KM2 没有工作	①检查接触器 KM2 辅助常开触点是否接触不良，32 和 36 号线是否接错 ②检查时间继电器延时常开触点进出线，进线 33 号线接时间继电器 8 号端，出线 36 号线接时间继电器 6 号端；尤其是 33 号线，要重点检查，共有 4 条 33 号线，是否都连接上 ③如果接线都没有错，更换时间继电器 KT
5	电动机起动后，按下 SB1 不能停车	检查按钮 SB1 两条线，即 31 号线和 32 号线是否接错位置，尤其是 32 号线
6	起动后，接触器动作，但电动机不动或者嗡嗡响，转动不流畅	①立即断电，检查熔断器 FU1~FU3 是否有熔断 ②检查主电路是否有夹皮子、线断开或者接错 ③拆下电动机，按下起动按钮 SB2，指导教师使用万用表 AC500V 档检查 1、2、3 号线线电压，正常，到步骤④；不正常，检修，回到步骤③ ④检查 4、5、6 号线线电压，正常，到步骤⑤；不正常，检修，回到步骤④ ⑤检查 7、8、9 号线线电压，正常，到步骤⑥；不正常，检修，回到步骤⑤ ⑥检查 10、11、12 号线线电压，正常，到步骤⑦；不正常，检修，回到步骤⑥ ⑦检查 13、14、15 号线线电压，正常，到步骤⑧；不正常，检修，回到步骤⑦ ⑧检查 16、17、18 号线线电压，正常，重新通电试车；不正常，检修，回到步骤⑧

 任务评价

任务评价见表 5-2。

表 5-2　三相异步电动机串电阻减压起动考核要求及评分标准

考核内容	考核要求	配分	评分标准	扣分	自评	小组评	教师评
检查电器	正确选用电器 检查电器好坏	10 分	电气元件漏检每处扣 2 分；布局不合理、不准确扣 5 分				
接线	布线合理、正确	45 分	每错 1 处扣 2 分				
	导线平直、美观，不交叉，不跨接		布线不美观、导线不平直、交叉架空跨接每处扣 1 分				
	接线正确、牢固		裸露导线过长或者接点压接不紧，每处扣 1 分				

（续）

考核内容	考核要求	配分	评分标准	扣分	自评	小组评	教师评
试车	电器未整定或整定错误	30分	每错1处扣4分				
	操作顺序正确		操作不正确扣2~4分				
	通电试车成功		1次不成功扣10分，3次不成功本项不得分				
文明操作	工作台面清洁、工具摆放整齐	10分	凡违反有关规定，酌情扣2~4分，但对发生严重事故者，则取消实训资格				
时间定额	3h按时完成	5分	每超时5min酌情扣3~5分				
总分		100分					

技术升级　PLC控制的串电阻减压起动

一、I/O口分配

这里使用的PLC是西门子公司S7-200，该PLC有14个输入点，10个输出点。

如图5-3所示的三相异步电动机串电阻减压起动控制电路中，控制按钮有2个，即起动按钮SB2、停车按钮SB1，占用2个PLC输入点。控制电动机的接触器KM1、KM2占用2个PLC输出点。具体端口分配见表5-3。

表5-3　I/O口分配

序号	状态	名称	作用	I/O口
1	输入	按钮SB1	控制KM停车	I0.1
2	输入	按钮SB2	控制KM1工作	I0.0
3	输出	接触器KM1	控制电动机减压起动	Q0.0
4	输出	接触器KM2	控制电动机全压运行	Q0.1

二、电路改造

PLC控制的三相异步电动机串电阻减压起动控制电路如图5-12所示。

三、梯形图设计

PLC控制的三相异步电动机串电阻减压起动控制程序梯形图如图5-13所示。

思考二

大功率电动机除了定子串电阻减压起动外，还经常采用何种减压起动方式呢？

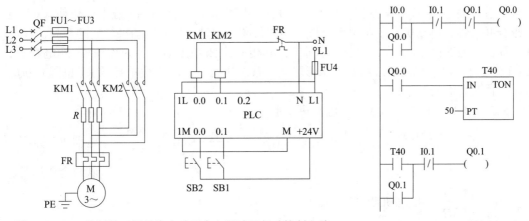

图 5-12 PLC 控制的三相异步电动机串电阻减压起动控制电路　　图 5-13　串电阻减压起动控制程序梯形图

任务 2　三相笼型异步电动机丫-△换接减压起动控制

知识准备

一、丫-△换接减压起动控制电路

(一) 电路工作原理

正常运行时将定子绕组接成三角形,而且三相绕组 6 个抽头均引出的笼型异步电动机,常采用星形(丫)-三角形(△)换接减压起动方法来达到限制起动电流的目的。

起动时,定子绕组首先接成星形,待转速上升到接近额定转速时,将定子绕组的接线由星形改接成三角形,电动机便进入全电压正常运行状态。因功率在 4kW 以上的三相笼型异步电动机一般均为三角形联结,故都可以采用丫-△换接起动方法。图 5-14 所示为丫-△换接减压起动常采用的控制电路。

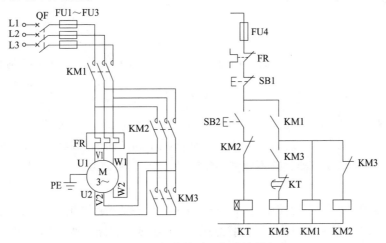

图 5-14　丫-△换接减压起动控制电路

合上总开关 QF，按起动按钮 SB2，KT、KM3 线圈通电吸合，KM3 触点动作使 KM1 也通电吸合并自锁，电动机定子绕组作星形联结进行减压起动。随着电动机转速的升高，起动电流下降，这时时间继电器 KT 延时时间到，其延时常闭触点断开，因而 KM3 断电释放，KM2 通电吸合，电动机定子绕组作三角形联结正常全压运行，KM3 失电导致 KT 也同时断电释放。工作过程介绍如下。

起动：SB2$^{\pm}$→KT^{+}、KM3^{+}→KM1^{+}→电动机星形

$$联结减压起动 \xrightarrow{\text{延时时间到}} KM3^{-} \to \begin{matrix} KM2^{+} \\ KT^{-} \end{matrix} \to 电动机三角形$$

联结全压运行；

停车：SB1^{+}→$\begin{matrix} KM1^{-} \\ KM2^{-} \end{matrix}$→电动机断电停车。

与其他减压起动方式相比，丫-△换接减压起动投资少，电路简单，操作方便，但起动转矩较小。这种方法适用于空载或轻载起动，因为机床多为轻载和空载起动，因而这种起动方法应用较普遍。

（二）电路的保护环节

1. 短路保护

熔断器 FU 可实现电路短路保护，但达不到过载保护的目的。其中 FU1～FU3 为主电路短路保护，FU4 为控制电路短路保护。

2. 过载保护

热继电器 FR 具有过载保护作用。只有在电动机长时间过载下 FR 才动作，其常闭触点断开控制电路，使接触器线圈断电释放衔铁，电动机断电停止旋转，实现电动机过载保护。

3. 失电压和零电压保护

欠电压保护与失电压保护是依靠接触器本身的电磁机构来实现的。当电源由于某种原因而严重欠电压或失电压时，接触器 KM1、KM2 的衔铁自行释放复位，电动机断电停止旋转，实现失电压和欠电压保护。

按钮与接触器的自锁共同实现零电压保护。当电源电压恢复正常时，只有在操作人员再次按下起动按钮 SB2 后电动机才会起动，进行零电压保护。

二、自耦变压器减压起动控制电路

（一）电路工作原理

可以利用自耦变压器来降低加在电动机三相定子绕组上的电压，达到限制起动电流的目的。当电动机起动时，将三相电源加在自耦变压器的高压绕组上，低压绕组与电动机的定子绕组相连，进行减压起动；当电动机转速接近额定转速时，将自耦变压器切除，电动机定子绕组直接与电源连接，在全压下稳定运行。

采用自耦变压器起动比丫-△换接减压起动时的起动转矩大，但需要一个庞大的自耦变压器，且不允许频繁起动，适应于容量较大但不能用丫-△换接减压方法起动的电动机。

常用自耦变压器减压起动控制电路如图 5-15 所示。按下起动按钮 SB2，接触器 KM2 和 KM3 线圈得电，KM2 和 KM3 的辅助常闭触点断开 KM1 线圈电路，然后 KM2 和 KM3 的辅助常开触点进行自锁，同时主触点闭合，三相电源经自耦变压器加到电动机上，进行减压起动。

接触器 KM2 另一辅助常开触点闭合，时间继电器 KT 线圈得电。当时间继电器 KT 延时时间到时，其延时常闭触点首先断开 KM2 和 KM3 线圈，自耦变压器被切除；然后 KT 延时常开触点闭合，接触器 KM1 线圈得电，KM1 辅助触点进行互锁、自锁，主触点闭合，电动机定子绕组直接接三相电源，电动机全电压稳定运行。当接触器 KM2 线圈失电时，时间继电器 KT 线圈也随之失电。

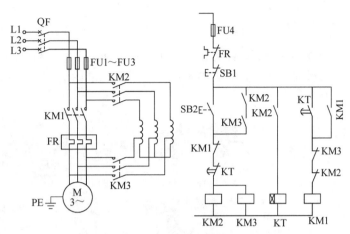

图 5-15　自耦变压器减压起动控制电路

停车时，按下 SB1，所有接触器的线圈失电，电动机断电停止工作。工作过程介绍如下。

起动：$SB2^\pm \rightarrow \begin{matrix} KM2^+ \\ KM3^+ \\ KT^+ \end{matrix}$（自锁）$\rightarrow$ 电动机减压起动 $\xrightarrow{\text{延时时间到}} \begin{matrix} KM2^- \text{、} KM3^- \\ KM1^+ \end{matrix}$（自锁）$KT^-$ 电动机全压运行；

停车：$SB1^+ \rightarrow KM1^- \rightarrow$ 电动机断电，停车。

（二）电路的保护环节

1. 短路保护

熔断器 FU 可实现电路短路保护，但达不到过载保护的目的。其中 FU1~FU3 为主电路短路保护，FU4 为控制电路短路保护。

2. 过载保护

热继电器 FR 具有过载保护作用。只有在电动机长时间过载下 FR 才动作，其常闭触点断开控制电路，使接触器线圈断电释放衔铁，电动机断电停止旋转，实现电动机过载保护。

3. 失电压和零电压保护

欠电压保护与失电压保护是依靠接触器本身的电磁机构来实现的。当电源由于某种原因而严重欠电压或失电压时，接触器 KM1、KM2、KM3 的衔铁自行释放复位，电动机断电停止旋转，实现失电压和欠电压保护。

按钮与接触器的自锁共同实现零电压保护。当电源电压恢复正常时，只有在操作人员再次按下起动按钮 SB2 后电动机才会起动，进行零电压保护。

 三相笼型异步电动机 Y-△ 换接减压起动控制

技能目标

1. 能按图连接三相异步电动机的 Y-△ 换接减压起动控制电路，有分析问题和解决实际问题的能力。

2. 会使用万用表进行通电试车前的电路检查，加强团队协作能力。

3. 能依据安全操作规程通电调试，安全意识强，有处理常见故障的维修能力。

4. 能按现场 6S 标准规范操作，树立劳动光荣的理念。

一、清点器材

任务所需的实训器材包括三相异步电动机 1 台、断路器 1 个、熔断器 4 个、热继电器 1 个、接触器 3 个、时间继电器 1 个、按钮 2 个、万用表 1 块、工具 1 套、导线若干，如图 5-16 所示。

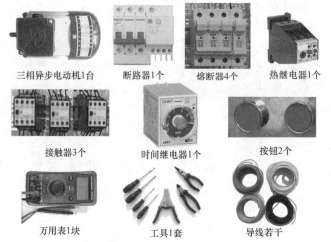

三相异步电动机1台　　断路器1个　　熔断器4个　　热继电器1个

接触器3个　　　　时间继电器1个　　　　按钮2个

万用表1块　　　　工具1套　　　　导线若干

图 5-16　三相笼型异步电动机丫-△换接减压起动控制实训器材

二、识读电路

三相笼型异步电动机丫-△换接减压起动控制电路如图 5-17 所示。

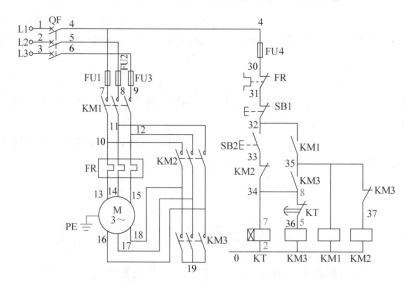

图 5-17　三相笼型异步电动机丫-△换接减压起动控制电路

三、选用电器

按图 5-18 选用电器，做好标记，检查所选电器是否完好。

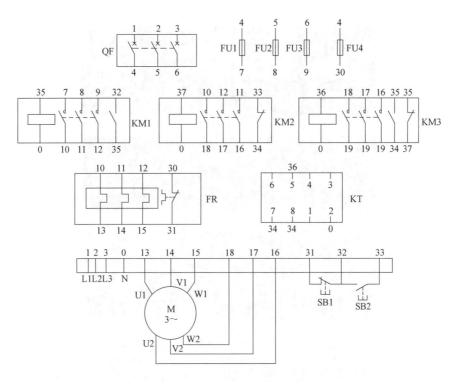

图 5-18　丫-△换接减压起动实训接线图

1）选用型号为 D16 的断路器，如图 5-19a 所示，检测配电盘上的 4 个熔断器是否完好。

2）选择 3 个接触器作为 KM1、KM2、KM3，如图 5-19b 所示，做好标记并测试其线圈和触点是否完好。

3）选用 1 个热继电器（右侧），如图 5-19c 所示，调整复位按钮为手动复位方式，并使绿色动作指示件在复位状态，然后测试热继电器的常闭触点是否完好。

4）选择不同颜色的 2 个按钮作为 SB1（红色）、SB2（绿色），如图 5-19d 所示，做好标记并测试其常开、常闭触点是否完好。

5）选用 1 个时间继电器（最左侧），如图 5-19e 所示。

6）选用的电动机是 JW-6314（右侧），如图 5-19f 所示，可以进行丫-△换接。

a) 选用断路器

图 5-19　选用电器

b) 选用接触器

c) 选用热继电器

d) 选用按钮

e) 选用时间继电器

f) 选用电动机

图 5-19 选用电器（续）

四、按图布线

1）依据先主后辅、从上到下、从左到右的顺序，按图 5-17 接线，注意布线合理、正确，导线平直、美观，接线正确、牢固。

2）注意时间继电器的线较多，避免接错。时间继电器延时断开常闭触点接的两条线，即 34、36 两条线，从图 5-20a 所示触点示意图来看，理论上 34、36 哪条线接 KT 的 5 号引脚或 8 号引脚都可以。但仔细观察图 5-17 实训电路图，可以看到 34 号线同时还需要接时间继电器的线圈进线，即 KT 的 7 号引脚。时间继电器底座上引脚如图 5-20b 所示，7 号引脚和 8 号引脚在同一侧，所以 34 号线接时间继电器 KT 的 8 号引脚，更方便接线。读电气原理图有困难的，可按照图 5-18 实训接线图，对照时间继电器底座上的引脚号，按照线号顺序依次连线。

3）检查三相异步电动机 JW-6314 的 6 个引出线 U1、V1、W1、U2、V2、W2 接到端子排上的位置，如图 5-20c 所示。

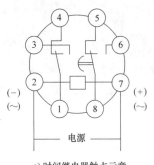

a) 时间继电器触点示意　　　b) 时间继电器的底座上引脚　　　c) 电动机与端子排的接线

图 5-20　需要注意的接线

五、整定电器

1）将时间继电器延时时间调为 5s。根据图 5-21a 所示，将时间设定开关设在 1、4 位置。如图 5-21b 所示，定时时间范围为 0~10s，旋转时间设定电位器，设定时间为 5s。

2）将热继电器复位。热继电器复位键处于过载状态时如图 5-21c 所示，处于复位状态时如图 5-21d 所示。

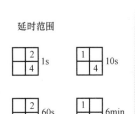

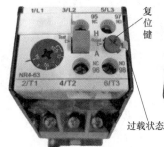
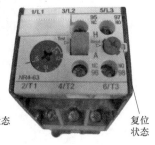

a) 时间继电器延时范　　b) 时间继电器电位设定位置　　c) 热继电器过载状态　　d) 热继电器复位状态
围选择示意

图 5-21　整定电器

六、常规检查

1. 检查主电路

1）合上断路器，如图 5-22 所示，使用数字式万用表的二极管档或者指针式万用表的欧姆档（"×1k" 档），并将红、黑表笔分别接在三根相线中的任意两根（如 L1、L2 两相），两相间应该是断开的，万用表显示 "1." 为正常；如果万用表指示为 "0"，说明该两相存在短路故障，需要检查电路。

2）保持万用表两表笔位置不动，手动同时按下接触器 KM1、KM3，KM1 和 KM3 主触点闭合，主电路电动机定子绕组星形联结，如果万用表显示电动机绕组内阻，如图 5-23a 所示，说明正常，到步骤 3）继续检查；如果万用表显示为"0"，说明星形联结主电路有短路故障，需要检查电路排除，返回步骤 2）。

3）保持万用表两表笔位置不动，松开 KM1、KM3，万用表显示为"1."。再手动同时按下接触器 KM1、KM2，KM1、KM2 主触点闭合，主电路电动机定子绕组三角形联结，如果万用表显示电动机绕组内阻，如图 5-23b 所示，说明正常，到步骤 4）继续检查；如果万用表显示为"0"，说明三角形联结主电路有短路故障，需要检查电路排除，返回步骤 3）。

图 5-22　检查主电路两相间电阻

4）同理，检查 L2、L3 相和 L1、L3 相，先同时手动按下 KM1、KM3，再同时手动按下

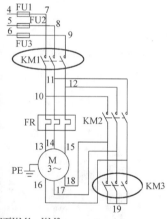

a) 同时手动按下KM1、KM3

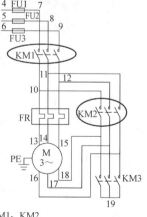

b) 同时手动按下KM1、KM2

图 5-23　检查主电路

KM1、KM2，万用表显示分别从"1."变为电动机绕组内阻为正常。

2. 检查控制电路

1）找到控制电路相线。方法是将万用表一只表笔接热继电器 FR 常闭触点的输入端（95 端），另一表笔分别接触电源三根相线，万用表示数为"0"时对应的那相即是控制电路所用的相线。如图 5-24 所示红表笔所接相线即是控制电路所用的相线。

2）找到控制电路相线后，将万用表一只表笔接控制电路相线，另一表笔接中性线，此时电路应该是断开的，万用表显示"1."为正常，如图 5-25 所示，到步骤 3）继续检查；如果万用表显示为"0"，说明存在短路故障，需要检查电路，返回步骤 2）。

图 5-24 找控制电路所用相线

图 5-25 检查控制电路电源

3）保持万用表两表笔位置不动，一只表笔接控制电路相线，另一表笔接中性线，万用表显示"1."。按下起动按钮 SB2，如果万用表显示数值等于接触器 KM3 线圈内阻（一般为 400~600Ω），说明正常，如图 5-26a 所示，到步骤 4）继续检查；如果万用表显示"1."，说明 KM3 线圈电路断路；如果万用表显示"0"，说明 KM3 线圈电路短路，需要检修电路，返回步骤 3）。

4）按住 SB2 别松，同时手动按下 KM3，接通 KM1 线圈支路，万用表示数减小，为接触器 KM1 和 KM3 线圈并联电阻（如果 KM1 和 KM3 两接触器型号一样，该数值理论上近似为刚才一半），如图 5-26b 所示，说明正常。保持 SB2 和 KM3 不动，再同时按下 SB1，万用表显示数值从线圈内阻变为"1."，如图 5-26c 所示，说明 KM3 和 KM1 线圈电路没有问题；如果按下 SB1 万用表依然显示接触器线圈内阻，说明 SB1 常闭触点接触不良或者接错线。

5）保持万用表两表笔位置不动，一只表笔接控制电路相线，另一表笔接中性线，万用表显示"1."。手动按下接触器 KM1，接触器辅助常开触点闭合，如果万用表显示数值等于接触器 KM1 线圈内阻（一般为 400~600Ω）为正常；再按下 SB1，万用表重新显示"1."，说明 KM1 自锁接的也没有问题。其他支路无法使用万用表整体检查，可以尝试通电试车，

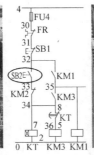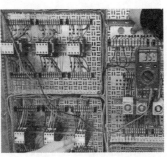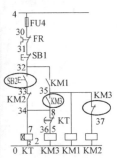

a) 按下SB2　　　　　　　　　　　　　　　　　b) 按下SB2后再按下KM3

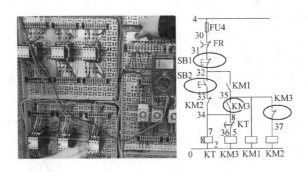

c) 按下SB2和KM3后再按下SB1

图 5-26　检查控制电路

发现故障后再具体进行分析检修。

七、通电试车

在指导教师监护下通电试车。

1）按下起动按钮 SB2 再松开，KM3、KM1 和 KT 线圈得电（KT 正面面板上"ON"灯亮），电动机减压起动；5s 后 KM2 线圈得电，KM3 和 KT 线圈失电，电动机全压运行。如发现电器动作异常、电动机不能正常运转时，必须马上按下 SB1 停车，断电进行检修，注意不允许带电检查。

2）按下 SB1，电动机停车。

八、清理工位

调试成功后，停车，关闭电源，经指导教师同意后，拆线并维护实训设备及元件，清点工具，清理工作台位，去掉配电盘上的标记。

九、完成报告

完成任务实训报告。

知识拓展

树立劳动光荣的理念

　　劳动是人类的本质活动，劳动光荣、创造伟大是对人类文明进步规律的重要诠释。人世间的美好梦想，只有通过诚实劳动才能实现；发展中的各种难题，只有通过诚实劳动才能破解；生命里的一切辉煌，只有通过诚实劳动才能铸就。劳动最光荣！

　　在三相异步电动机丫-△换接减压起动控制实训过程中，同学们不仅要主动参与到选用电器、按图布线、整定电器、常规检查、通电试车等各个实训环节，还要维护实训设备、清理工位、清扫实训室卫生。不经历劳动过程的艰辛，就无法体验到付出劳动汗水与智慧后获得成果时的快乐与满足；没有劳动的历练，没有劳动锻炼筋骨、磨练意志的机会，就没有从劳动中激发智慧、灵感、创造力的机会。

思考三

　　这个实训电路通电试车后经常会出现哪些故障呢？又需要怎样排除呢？

常见故障现象与检修方法

　　通电试车过程中，不管出现什么故障现象，必须关闭断路器 QF，切断电源后再进行电路分析和检修，必要时可以请指导教师协助检修。

　　三相异步电动机丫-△换接减压起动控制电路常见的故障现象与检修方法见表 5-4。

表 5-4　三相异步电动机丫-△换接减压起动控制电路常见故障现象与检修方法

序号	故障现象	检修方法
1	按下起动按钮 SB2 后，时间继电器不动作	①教师用万用表 AC500V 档检查实验台电源插座是否有电、电压值是否正常 ②断电,检查断路器 QF 是否闭合 ③将万用表两表笔分别放在 4 号线和 30 号线上,如果万用表显示"0"为正常,到步骤④继续检查;如果万用表显示"1.",将两表笔分别放在熔断器两端仍显示"1.",则更换熔断器熔体;如果万用表显示"0",说明熔断器没有问题,检查 4 号线和 30 号线是否接触不良,回到步骤③ ④将万用表两表笔分别接 4 号线和 31 号线上,如果万用表显示"0"为正常,到步骤⑤继续检查;如果万用表显示"1.",检查热继电器是否复位,热继电器常闭触点和 31 号线是否接触不良,回到步骤④ ⑤将万用表两表笔分别接 4 号线和 32 号线上,如果万用表显示"0"为正常,到步骤⑥;如果万用表显示"1.",检查 SB1 常闭触点和 32 号线,回到步骤⑤ ⑥将万用表两表笔分别放在 4 号线和 33 号线上,按下 SB2,万用表显示"0"为正常,到步骤⑦;否则检查按钮 SB2 常开触点和 33 号线,回到步骤⑥ ⑦将万用表两表笔分别放在按钮出线端 33 号线和 34 号线(即时间继电器 7 号端)上,如果万用表显示"0"为正常,到步骤⑧继续检查;如果万用表显示"1.",检查接触器 KM2 常闭触点是否接触不良,回到步骤⑦ ⑧将万用表两表笔分别放在时间继电器 2 端和中性线,万用表显示"0"为正常,可以重新试电;否则检查 0 号线是否接触不良,回到步骤⑧

（续）

序号	故障现象	检修方法
2	时间继电器工作,但是KM3不动作	①检查时间继电器延时常闭触点进出线,进线34号线接时间继电器8号引脚,出线36号线接时间继电器5号引脚 ②接线如果没有错,换个时间继电器试试
3	松开SB2后接触器KM1、KM3即失电	①检查接触器KM1和KM3的自锁触点(即32、35、36号线)是否接错 ②如果电路没有错,换另外一对常开触点试试
4	定时时间后,电动机定子绕组不能切换到△联结	①检查接触器KM3辅助常闭触点是否接触不良,35和37号线是否接错,尤其是35号线是否与前面35号线均已连接 ②检查时间继电器延时常闭触点进出线,进线34号线接时间继电器8号引脚,出线36号线接时间继电器5号引脚 ③接线如果都没有错,换个时间继电器试试
5	电动机起动后,按下SB1不能停车	检查与按钮SB1相连的两条线,即31号线和32号线是否接错位置,尤其是32号线
6	起动后,接触器动作,电动机不动或者嗡嗡响,转动不流畅	①立即断电,检查熔断器FU1~FU3是否有熔断 ②检查主电路是否有夹皮子、线断开或者接错 ③拆下电动机,按下起动按钮SB2,指导教师使用万用表AC500V档检查端子排上电动机进线线电压,如果是丫联结,13、14和15号线线电压应该为220V,△联结时13、14和15号线线电压应为380V。如果电压正常,说明电动机绕组接触不良,检查更换后重新试电;否则说明电动机缺相,回到步骤④ ④检查1、2、3号线线电压,正常,到步骤⑤;不正常,检修,回到步骤④ ⑤检查4、5、6号线线电压,正常,到步骤⑥;不正常,检修,回到步骤⑤ ⑥检查7、8、9号线线电压,正常,到步骤⑦;不正常,检修,回到步骤⑥ ⑦检查10、11、12号线线电压,正常,重新通电试车;不正常,检修,回到步骤⑦

任务评价

任务评价见表5-5。

表5-5　三相异步电动机丫-△换接减压起动控制考核要求及评分标准

考核内容	考核要求	配分	评分标准	扣分	自评	小组评	教师评
检查电器	正确选用电器 检查电器好坏	10分	电气元件漏检每处扣2分;布局不合理、不美观扣5分				
接线	布线合理、正确	45分	每错1处扣2分				
	导线平直、美观,不交叉,不跨接		布线不美观、导线不平直、交叉架空跨接每处扣1分				
	接线正确、牢固		裸露导线过长或者接点压接不紧,每处扣1分				
试车	电器未整定或整定错误	30分	每错1处扣4分				
	操作顺序正确 通电试车成功		试运行的步骤方法不正确扣2~4分;1次不成功扣10分,3次不成功本项不得分				
文明操作	工作台面清洁、工具摆放整齐	10分	凡违反有关规定,酌情扣2~4分,但对发生严重事故者,则取消实训资格				
时间定额	3h按时完成	5分	每超时5min酌情扣3~5分				
总分			100分				

技术升级 PLC 控制的丫-△换接减压起动

一、I/O 分配

这里使用的 PLC 是西门子公司 S7-200,该 PLC 有 14 个输入点,10 个输出点。

图 5-17 所示的三相异步电动机丫-△换接减压起动控制电路中,控制按钮有 2 个,即起动按钮 SB2、停车按钮 SB1,占用 2 个 PLC 输入点。控制电动机的接触器 KM1、KM2、KM3,占用 3 个 PLC 输出点。具体端口分配见表 5-6。

表 5-6　I/O 口分配

序号	状态	名称	作用	I/O 口
1	输入	按钮 SB1	控制 KM 停车	I0.1
2	输入	按钮 SB2	控制 KM1 工作	I0.0
3	输出	接触器 KM1	控制电动机	Q0.0
4	输出	接触器 KM2	与 KM1 一起控制电动机△联结	Q0.1
5	输出	接触器 KM3	与 KM1 一起控制电动机丫联结	Q0.2

二、电路改造

PLC 控制的三相异步电动机丫-△换接减压起动控制电路如图 5-27 所示。

三、梯形图设计

三相异步电动机丫-△换接减压起动控制程序梯形图如图 5-28 所示。

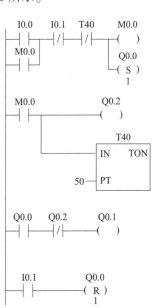

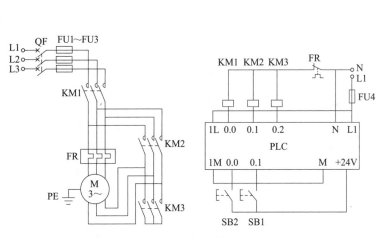

图 5-27　PLC 控制的三相异步电动机丫-△
换接减压起动控制电路

图 5-28　三相异步电动机丫-△
换接减压起动控制程序梯形图

项目总结

1）较大容量的笼型异步电动机（大于10kW）因起动电流较大，一般都采用减压起动方式来起动。

2）定子串电阻减压起动由于不受电动机接线形式的限制，设备简单，在中小型生产机械中应用较广。

3）正常运行时定子绕组接成三角形，而且三相绕组六个抽头均引出的笼型异步电动机，常采用星形（Y）-三角形（△）换接减压起动方法来达到限制起动电流的目的。Y-△换接减压起动投资少、电路简单，操作方便，但起动转矩较小。这种方法适用于空载或轻载状态起动，因为机床多为轻载和空载起动，因而这种起动方法应用较普遍。

4）采用自耦变压器起动比Y-△换接减压起动时的起动转矩大，但需要一个庞大的自耦变压器，且不允许频繁起动，适应于容量较大但不能用Y-△换接减压方法起动的电动机。

 项目评测

项目评测内容请扫描二维码。

项目6 双速异步电动机调速控制

项目描述

某车间有一台 2 极/4 极双速异步电动机，型号为 YD-80-2/4，要进行调速，怎么实现呢？

项目目标

1. 了解常用电动机调速的方法。
2. 能识读双速异步电动机调速控制电路原理图，分析工作过程，明确电路保护环节。
3. 能按图布线，完成双速异步电动机控制电路，会通电试车前的电路检查。
4. 依据安全操作规程通电调试，有维修能力。能处理双速异步电动机调速时的常见故障。
5. 按现场 6S 标准规范操作，具有良好的职业素养，树立正确的就业观。

知识准备

一、了解电动机常用调速方法

(一) 三相异步电动机调速方法

由三相异步电动机的转速 $n = \dfrac{60f(1-s)}{p}$ 可知，异步电动机的调速方法主要有下面几种：依靠改变定子绕组的极对数调速、改变转子电路中的电阻调速、变频调速和串级调速等。这些方法目前在工厂应用都很广泛。其中通过改变转子电路电阻来改变转差率的调速方法只适用于绕线转子异步电动机；变频调速和串级调速比较复杂。这里仅介绍通过改变笼型异步电动机极对数的方法实现调速控制的基本控制电路。

笼型异步电动机往往采用下列两种方法来变更绕组的极对数：第一种是改变定子绕组的连接方法；第二种是在定子上设置具有不同极对数的两套互相独立的绕组。有时同一台电动机为了获得更多的速度等级（如需要得到 3 个以上的速度等级），上述两种方法往往同时采用。

(二) 双速异步电动机调速原理

图 6-1 所示为 4/2 极的双速异步电动机定子绕组接线示意图。图 6-1a 所示电路中将电动

机定子绕组的 U1、V1、W1 三个接线端接三相交流电源，而将定子绕组的 U2、V2、W2 三个接线端悬空，三相定子绕组接成三角形。此时每相绕组中的①、②线圈串联，电流方向如图 6-1a 中虚线箭头所示，电动机以 4 极低速运行。

若将电动机定子绕组的三个接线端子 U1、V1、W1 连在一起，而将 U2、V2、W2 接三相交流电源，则原来三相定子绕组的三角形联结即变为双星形联结，此时

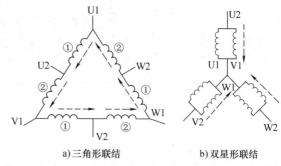

a) 三角形联结　　　　b) 双星形联结

图 6-1　4/2 极双速异步电动机定子绕组接线示意图

每相绕组中的①、②线圈相互并联，电流方向如图 6-1b 中虚线箭头所示，于是电动机便以 2 极高速运行。

二、识读按钮控制的双速异步电动机控制电路

(一) 控制电路工作原理

用按钮控制双速异步电动机的控制电路如图 6-2 所示。先合上电源开关 QF，按下低速起动按钮 SB2，低速接触器 KM1 线圈得电，辅助常闭触点断开进行互锁，辅助常开触点闭合自锁，主触点闭合，电动机定子绕组作三角形联结，电动机低速运转。

如需换为高速运转，可直接按下高速起动按钮 SB3。按钮 SB3 的常闭触点先使低速接触器 KM1 线圈断电释放，KM1 主触点断开，自锁触点断开、互锁触点闭合，使高速接触器 KM2 和 KM3 线圈得电动作，其辅助常闭触点断开进行互锁，辅助常开触点闭合自锁，主触点闭合，使电动机定子绕组联结成双星形并联，电动机高速运转。

因为电动机的高速运转是由 KM2 和 KM3 两个接触器来控制的，

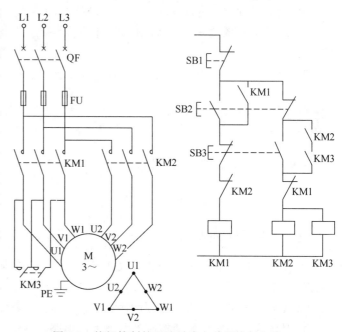

图 6-2　按钮控制的双速异步电动机控制电路

所以把它们的常开辅助触点串联起来实现自锁，只有当两个接触器都吸合时才允许工作。

需要停车时，按下停车按钮 SB1，不论电动机是低速运行还是高速运行，接触器 KM1、KM2 和 KM3 均失电，电动机断电停车。工作过程介绍如下。

低速：$SB2^{\pm} \rightarrow \begin{matrix} KM2^{-}、KM3^{-} \\ KM1^{+}（自锁）\end{matrix} \rightarrow$ 电动机△联结，低速起动运行；

高速：$SB3^{\pm} \rightarrow \genfrac{}{}{0pt}{}{KM1^{-}}{KM2^{+}、KM3^{+}（自锁）} \rightarrow$ 电动机Y-Y联结，高速起动运行；

停车：$SB1^{+} \rightarrow KM1^{-}、KM2^{-}、KM3^{-} \rightarrow$ 电动机断电停车。

（二）电气保护环节

1. 短路保护

熔断器 FU 可实现电路短路保护，但达不到过载保护的目的。

2. 失电压和零电压保护

欠电压保护与失电压保护是依靠接触器本身的电磁机构来实现的。当电源由于某种原因而严重欠电压或失电压时，接触器 KM1、KM2、KM3 的衔铁自行释放复位，电动机断电停止旋转，实现失电压和欠电压保护。

按钮与接触器的自锁共同实现零电压保护。当电源电压恢复正常时，只有在操作人员再次按下起动按钮 SB2 或 SB3 后电动机才会起动，进行零电压保护。

3. 互锁保护

KM1 和 KM2 的辅助常闭触点串入对方线圈电路实现互锁，避免接触器 KM1 与 KM2 同时带电工作造成主电路相同短路。

KM2 和 KM3 辅助常开触点串联自锁，可靠保证两个接触器同时工作，才能使双速电动机成双星形联结高速运行。

三、时间继电器自动控制的双速异步电动机控制电路

（一）控制电路工作原理

其控制电路如图 6-3 所示，SA 是一个具有三个档位的转换开关。当开关 SA 扳到中间位置时，电动机处于停止。如把 SA 扳到标有"低速"位置时，接触器 KM1 线圈得电动作，

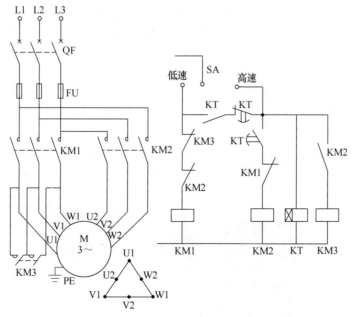

图 6-3 时间继电器自动控制的双速异步电动机控制电路

电动机定子绕组连成三角形，电动机以低速起动运行。

如把 SA 扳到标有"高速"的位置时，时间继电器 KT 线圈首先得电动作，它的瞬动常开触点 KT 闭合，接触器 KM1 线圈得电动作，将电动机定子绕组接成三角形，电动机首先以低速起动。经过一定的延时时间，时间继电器 KT 的延时常闭触点断开，接触器 KM1 线圈断电释放，时间继电器 KT 的延时常开触点闭合，接触器 KM2 线圈得电动作，紧接着 KM3 接触器线圈也得电动作，使电动机定子绕组成双星形联结，电动机高速运行。工作过程介绍如下。

低速：SA 接低速→KM1$^+$→电动机△联结，低速起动运行；

高速：SA 接高速→KT$^+$→KM1$^+$→电动机△型联结，低速起动

$$\xrightarrow{\text{延时时间到}} \begin{array}{c} KM1^- \\ KM2^+ \to KM3^+ \end{array} \to \text{电动机}\curlyvee\text{-}\curlyvee\text{联结，高速运行；}$$

停车：SA 接中间。

（二）电气保护环节

1. 短路保护

熔断器 FU 可实现电路短路保护，但达不到过载保护的目的。

2. 联锁保护

KM1 和 KM2 实现互锁，KM3 对 KM1 进行联锁保护，避免造成主电路相间短路。

 项目实施　双速异步电动机调速控制

技能目标

1. 能按图在规定时间内连接双速异步电动机调速控制电路，养成时间管理的工作习惯。
2. 会通电试车前的电路检查方法，对待工作有责任心，具备精益求精的工匠精神。
3. 会处理双速异步电动机调速过程中的常见故障及检修，有判断力和解决实际问题的能力。
4. 能按照实训考核评分标准进行自我评价，树立正确的就业观。

一、清点器材

项目所需的实训器材包括双速异步电动机 1 台、断路器 1 个、熔断器 4 个、接触器 3 个、时间继电器 1 个、转换开关 1 个、万用表 1 块、工具 1 套、导线若干，如图 6-4 所示。

双速异步电动机1台　　断路器1个　　　熔断器4个

图 6-4　双速异步电动机调速控制实训器材

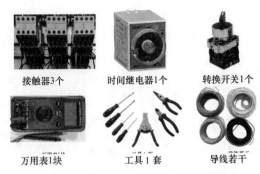

接触器3个　　　时间继电器1个　　　转换开关1个

万用表1块　　　工具1套　　　导线若干

图 6-4　双速异步电动机调速控制实训器材（续）

二、识读电路

双速异步电动机调速控制实训电路如图 6-5 所示。

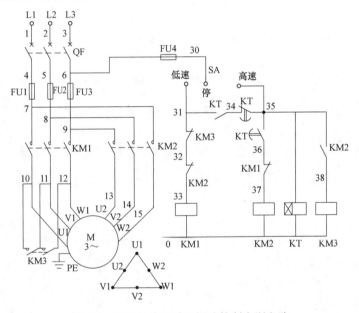

图 6-5　双速异步电动机调速控制实训电路

三、选用电器

按图 6-6 所示选用电器，做好标记，检查所选电器是否完好。

1）选用型号为 D6 的任意断路器（左），如图 6-7a 所示，检测配电盘上的 4 个熔断器是否完好。

2）选择 3 个接触器作为 KM1、KM2、KM3，如图 6-7b 所示，做好标记并测试其线圈和触点是否完好。

3）选用任意 1 个时间继电器（最左侧），如图 6-7c 所示。

4）选择任意 1 个转换开关（最右侧），如图 6-7d 所示。

5）选用 2 极/4 极双速异步电动机（左一）YD-80-2/4，如图 6-7e 所示。

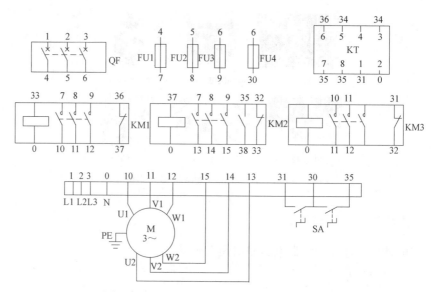

图 6-6　双速异步电动机调速控制实训接线图

a) 选用断路器和熔断器

b) 选用接触器

c) 选用时间继电器

图 6-7　选用电器

d) 选用转换开关

e) 选用双速电动机

图 6-7 选用电器（续）

四、按图布线

1）依据先主后辅、从上到下、从左到右的顺序按图 6-5 接线，注意布线合理、正确，导线平直、美观，接线正确、牢固。

2）双速电动机 6 个出线端 U1、V1、W1、U2、V2、W2，低速工作时接成三角形，接法示意图如图 6-8a 所示，高速工作时接成双星形，接法示意图如图 6-8b 所示。

思考一

这个实训电路中时间继电器接线最应该注意什么？转换开关怎样使用呢？

3）时间继电器的线较多，比较容易接错。图 6-8c 所示为时间继电器触点示意图，对照如图 6-8d 所示时间继电器底座上的引脚号，按照线号顺序依次连线。这里因为两个延时触点都用到了，所以 35 号线必须接 KT 的 8 号脚，这是本次实训中 KT 最容易接错的一条线。

4）转换开关 SA 有 4 个引出线，如图 6-8e 所示，为两对常开触点，分别连在端子排上 1、3 和 2、4 端子上。现将中间两个端子 2 和 3 连接在一起，为 SA 的输入端，即 30 号线，如图 6-8f 所示，当 SA 扳向左侧低速档时，30 号线与 31 号线接通；当 SA 扳向右侧高速档时，30 号线与 35 号线接通。

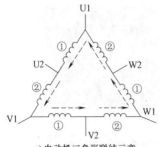 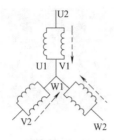 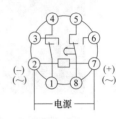

a) 电动机三角形联结示意　　b) 电动机双星形联结示意　　c) 时间继电器触点示意

 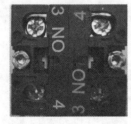 

d) 时间继电器底座　　e) 转换开关触点示意　　f) 转换开关端子接线

图 6-8　接线提示

五、整定电器

将时间继电器延时时间调为 5s。根据图 6-9a 所示，将时间设定开关设在 1、4 位置，如图 6-9b 所示，定时时间范围为 0~10s，旋转时间设定电位器，设定时间为 5s。

六、常规检查

1. 检查主电路

1) 合上断路器，如图 6-10a 所示，使用数字式万用表的二极管档或者指针式万用表的欧姆档（"×1k"档），并将红、黑表笔分别接在三根相线中的任意两根（如 L1、L2 两相），两相间应该是断开的，万用表显示

a) 时间继电器延时范围选择示意　b) 时间继电器定时时间设定

图 6-9　时间继电器时间设定

示 "1." 为正常；如果万用表指示为 "0"，说明该两相间存在短路故障，需要检查电路。

2) 万用表两表笔位置保持不动，手动按下接触器 KM1，KM1 主触点闭合，主电路连通，万用表显示电动机绕组内阻（三角形联结），如图 6-10b 所示，说明正常，继续到步骤 3) 检查；如果万用表显示为 "0"，说明主电路中 KM1 支路有短路故障，需要检查排除之后返回步骤 2)。

3) 万用表两表笔位置保持不动，同时手动按下接触器 KM2、KM3，KM2、KM3 主触点闭合，主电路连通，万用表显示电动机绕组内阻（双星形联结），如图 6-10c 所示，说明正常，继续到步骤 4) 检查；如果万用表显示为 "0"，说明主电路中有短路故障，需要检查排除之后返回步骤 3)。

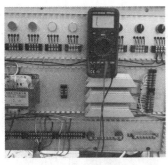

a) 检查 L1、L2 两相间电阻

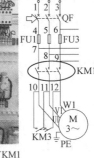

b) 手动按下 KM1

c) 同时手动按下 KM2、KM3

图 6-10　检查主电路

4）同理检查 L2、L3 两相和 L1、L3 两相，手动按下 KM1、同时按下 KM2 和 KM3，万用表显示分别从"1."变为电动机绕组内阻为正常。

2. 检查控制电路电源

1）找到控制电路相线。方法是将万用表一只表笔接转换开关输入端（30 号线），另一表笔分别接触电源三根相线，万用表示数为"0"的那相即是控制电路所用的相线。图 6-11a 中万用表的红色表笔所接那相即为控制电路所用相线。

2）检查控制电路相线和中性线。找到控制电路相线后，将万用表一只表笔接控制电路相线，另一表笔接中性线，电路此时应该是断的，万用表显示"1."为正常，如图 6-11b 所示；如果万用表显示为"0"，说明存在短路故障，需要检修电路。

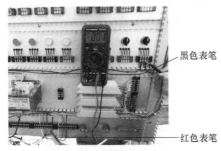

黑色表笔

红色表笔

a) 找控制电路所用相线

b) 检查控制电路相线和中性线之间有无短路

图 6-11　检查控制电路电源

3. 检查低速控制电路

1）检查 KM1 线圈支路。保持万用表两表笔位置不动，将转换开关 SA 扳向低速档，如果万用表显示数值等于接触器 KM1 线圈内阻为正常，如图 6-12a 所示；如果万用表显示"1."，说明 KM1 线圈电路断路；如果万用表显示"0"，说明 KM1 线圈电路短路，需要检修电路。

将 SA 扳回中间停止档，万用表恢复"1."为正常，可以到下一步继续检查，否则检修转换开关 SA 低速档位两条线。

2）检查 KM1 互锁与联锁。将万用表两表笔分别接控制电路的相线和中性线，万用表显示"1."为正常，将转换开关扳向低速档，万用表显示接触器 KM1 线圈内阻（一般为 $400 \sim 600\Omega$），手动按下接触器 KM2，万用表从显示接触器 KM1 线圈内阻变为"1."为正常，如图 6-12b 所示，说明 KM1 与 KM2 互锁没有问题，否则检修 KM2 辅助常闭触点两条线。

保持万用表两表笔位置不动，转换开关 SA 位置不动，松开 KM2，万用表恢复显示接触器 KM1 线圈内阻，再手动按下 KM3，万用表显示"1."为正常，如图 6-12c 所示，说明 KM3 与 KM1 联锁没有问题，否则检修 KM3 辅助常闭触点两条线。

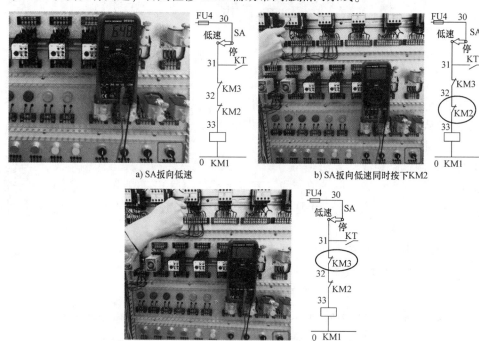

a) SA 扳向低速　　　　　　b) SA 扳向低速同时按下 KM2

c) SA 扳向低速同时按下 KM3

图 6-12　检查低速控制电路

4. 检查高速控制电路

万用表两表笔位置保持不动，一只表笔接控制电路相线，另一表笔接中性线，万用表显示"1."。将 SA 扳向高速档，接通 KT 线圈支路，万用表显示数值等于时间继电器 KT 线圈内阻为正常，如图 6-13a 所示。再手动按下 KM2，KM3 线圈支路也接通，万用表显示 KT 与 KM3 线圈内阻并联值为正常，如图 6-13b 所示。将 SA 扳回中间停止档，万用表显示恢复为

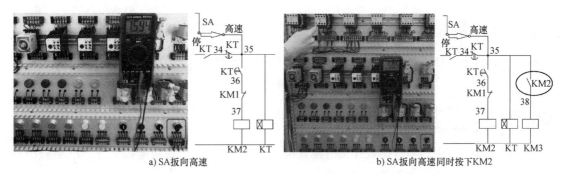

a) SA扳向高速　　　　　　　　　b) SA扳向高速同时按下KM2

图6-13　检查高速控制电路

"1."为正常，可以申请通电试车，否则返回检修电路。

KM2支路无法使用万用表整体检查，可以尝试通电试车，发现故障后再进线分析检修。

七、通电试车

在指导教师监护下通电试车。

1）转换开关SA扳向左侧低速档，KM1线圈得电，电动机接成三角形低速运行。转换开关SA扳回中间停止档位，电动机断电停止转动。

2）转换开关SA扳向右侧高速档，时间继电器KT的"ON"灯亮，KM1工作，电动机接成三角形低速起动；时间继电器延时时间到，KT的"UP"灯亮，KM1断电，KM2、KM3同时工作，电动机接成双星形高速运行。转换开关SA扳回中间停止档位，电动机断电停止转动。

八、清理工位

调试成功后，停车，关闭电源，经指导教师同意后，拆线并维护实训设备及元件，清理工作台位，清点工具，去掉配电盘上的标记。

九、完成报告

完成项目实训报告。

知识拓展

树立正确的就业观

如果各种知识储备不够充分、专业知识不够深厚，而择业期望值又高，就会出现就业观念不正确、职业定位不合理、选择职业有误区等问题，造成就业竞争力和适应社会能力较低，直接影响和制约就业。摆正心态、脚踏实地、先就业再择业、专业大方向对口即可才是正确的就业观。

双速异步电动机调速控制实训，是在了解常用电动机调速方法，识读按钮控制双速电动机控制电路和时间继电器自动控制双速电动机控制电路的基础上进行的，同学们必须明确没有理论知识的支持，实训任务根本无法完成。就业也是一样，没有足够的理论知识和实践技能储备，不仅找工作困难，即使找到工作，适应工作岗位的要求更难。

思考二

这个实训电路通电试车后经常会出现哪些故障呢？又需要怎样排除呢？

 常见故障现象与检修方法

通电试车过程中，不管出现什么故障现象，必须关闭 QF，切断电源后进行电路分析和检修，必要时可以请指导教师协助检修。

双速异步电动机调速控制电路常见的故障现象与检修方法见表 6-1。

表 6-1　双速异步电动机调速控制常见故障现象与检修方法

序号	故障现象	检修方法
1	转换开关扳向左侧低速档后，接触器 KM1 不动作	①教师用万用表 AC500V 档检查实验台电源插座是否有电、电压值是否正常 ②断电，检查断路器 QF 是否闭合 ③将万用表两表笔分别放在 6 号线和 30 号线上，如果万用表的示数为"0"，正常，到步骤④继续检查；如果万用表显示"1."，再将两表笔分别放在熔断器两端，如果万用表仍显示"1."，更换熔断器熔体；如果万用表显示"0"，说明熔断器没有问题，检查 6 号线和 30 号线是否接触不良，回到步骤③重新检查 ④将万用表两表笔分别接 6 号线和 31 号线，将转换开关扳向左侧低速档后，如果万用表显示"0"为正常，到步骤⑤继续检查；如果万用表显示"1."，检查转换开关接低速档位 30、31 号两条线是否正常，转换开关是否接触不良，返回到步骤④重新检查 ⑤将万用表两表笔分别接 6 号线和 32 号线，如果万用表显示"0"，正常，到步骤⑥继续检查；如果万用表显示"1."，检查 KM3 辅助常闭触点和 31、32 号线，回到步骤⑤重新检查 ⑥将万用表两表笔分别接 6 号线和 33 号线，万用表显示"0"为正常，到步骤⑦继续检查；否则检查 KM2 辅助常闭触点和 32、33 号两条线，回到步骤⑥重新检查 ⑦将万用表两表笔分别接 6 号线和中性线，万用表显示接触器线圈内阻为正常，可以重新试电；否则检查接触器线圈和 33、0 号两条线是否接触不良，回到步骤⑦重新检查
2	起动后，接触器动作，但电动机不动或者嗡嗡响，转动不流畅	①立即断电，检查熔断器 FU1～FU3 是否熔断，检查主电路是否有夹皮子、线断开或者接错 ②检查电动机输出端子间绕组电阻是否正常 ③拆下电动机，接通电源，将转换开关扳向左侧低速档后，指导教师使用万用表 AC500V 档检查 1、2、3 号线线电压，正常，到步骤④；不正常，检修，回到步骤③ ④检查 4、5、6 号线线电压，正常，到步骤⑤；不正常，检修，回到步骤④ ⑤检查 7、8、9 号线线电压，正常，到步骤⑥；不正常，检修，回到步骤⑤ ⑥检查 10、11、12 号线线间电压，不正常，检修，回到步骤⑥重新检查；正常，重新接上电动机，再次通电试车
3	电动机起动后，将 SA 扳向停止档后，接触器 KM1 不断电	断电，检查转换开关 SA 接线，即 30 号线、31 和 35 号线是否接错位置，尤其是 30 号线
4	SA 扳向右侧高速档后，KT "ON" 灯不亮	①断电，检查转换开关 SA 接线，即 30 号线和 35 号线 ②检查时间继电器 KT 线圈接线是否正确，即 35 号线接 KT 的 7 号脚，0 号线接 KT 的 2 号脚

(续)

序号	故障现象	检修方法
5	SA 扳向右侧高速档后,KT"ON"灯亮但 KM1 不动作	①断电,检查时间继电器延时断开的常闭触点,检查 34 号线是否接在时间继电器的 5 号脚,检查 35 号线是否接在时间继电器的 8 号脚 ②检查时间继电器瞬时常开触点,检查 34 号线和 31 号线是否分别接在时间继电器的 1 号脚和 3 号脚 ③如果接线都没有错,换个时间继电器试试
6	KT"ON"灯亮,延时时间到,KT 的"UP"灯不亮	断电,换个时间继电器后,重新试电
7	延时时间到后,KM1 没有停止工作	①断电,检查时间继电器延时断开的常闭触点,检查 34 号线是否接在时间继电器的 5 号脚,检查 35 号线是否接在时间继电器的 8 号脚 ②如果接线都没有错,换时间继电器试试
8	延时时间到后,KM2 没有工作	①断电,检查时间继电器延时闭合的常开触点,检查 35 号线是否接在时间继电器的 8 号脚,检查 36 号线是否接在时间继电器的 6 号脚 ②如果接线都没有错,换个时间继电器试试
9	延时时间到后,KM2 工作,KM3 不动作	①断电,接触器 KM2 的辅助常开触点两条线,即检查 35 号线和 38 号是否接线正确 ②检查接触器 KM3 线圈两条线,即检查 38 号线和 0 号线

 项目评价

项目评价见表 6-2。

表 6-2 双速异步电动机调速控制考核要求及评分标准

考核内容	考核要求	配分	评分标准	扣分	自评	小组评	教师评
检查电器	正确选用电器 检查电器好坏	10 分	选用电器不准确扣 5 分;电气元件漏检每处扣 2 分				
接线	布线合理、正确	45 分	每错 1 处扣 2 分				
	导线平直、美观,不交叉,不跨接		布线不美观、导线不平直、交叉架空跨接每处扣 1 分				
	接线正确、牢固		裸露导线过长或者接点压接不紧,每处扣 1 分				
试车	电器未整定或整定错误	30 分	每错 1 处扣 4 分				
	操作顺序正确		操作不正确扣 2~4 分				
	通电试车成功		1 次不成功扣 10 分,3 次不成功本项不得分				
文明操作	工作台面清洁、工具摆放整齐	10 分	凡违反有关规定,酌情扣 2~4 分,但对发生严重事故者,则取消资格				
时间定额	3h 按时完成	5 分	每超时 5min 酌情扣 3~5 分				
总分		100 分					

技术升级　PLC 控制的双速异步电动机调速

一、I/O 口分配

这里使用的 PLC 是西门子公司 S7-200，该 PLC 有 14 个输入点，10 个输出点。

图 6-5 所示的双速异步电动机调速控制电路中有转换开关 1 个，3 个档位，占用 2 个输入 I0.0 和 I0.1。控制电动机的接触器 KM1、KM2、KM3，占用 3 个 PLC 输出点。具体端口分配见表 6-3。

表 6-3　I/O 口分配

序号	状态	名称	作用	I/O 口
1	输入	SA 低速档位	控制低速起动	I0.0
2	输入	SA 高速档位	控制高速起动	I0.1
3	输出	接触器 KM1	控制电动机三角形低速运行	Q0.0
4	输出	接触器 KM2	控制电动机双星形高速运行	Q0.1
5	输出	接触器 KM3	控制电动机双星形高速运行	Q0.2

二、电路改造

PLC 控制的双速异步电动机调速控制电路如图 6-14 所示。提醒注意的是，除了在程序中互锁外，在硬件电路上也要用接触器辅助触点互锁。这是因为 PLC 扫描周期很短，而接触器触点不能在这么短时间内完成机械动作，必须用 KM1、KM2 接触器辅助触点在硬件电路上进行互锁，避免电源短路，保证电路可靠工作。

三、梯形图设计

双速异步电动机调速控制程序梯形图如图 6-15 所示。

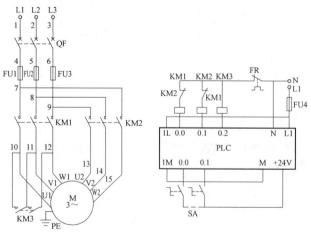

图 6-14　PLC 控制的双速异步
电动机调速控制电路

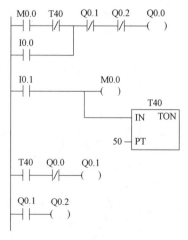

图 6-15　双速异步电动机调速
控制程序梯形图

1）异步电动机的调速方法主要有依靠改变定子绕组的极对数调速、改变转子电路中的电阻调速、变频调速和串级调速等。

2）笼型异步电动机往往采用下列两种方法来变更绕组的极对数：第一种是改变定子绕组的连接方法；第二种是在定子上设置具有不同极对数的两套互相独立的绕组。

3）将双速异步电动机定子绕组的 U1、V1、W1 三个接线端接三相交流电源，而将定子绕组的 U2、V2、W2 三个接线端悬空，三相定子绕组接成三角形，此时电动机以 4 极低速运行。

4）将双速异步电动机定子绕组的三个接线端子 U1、V1、W1 连在一起，而将 U2、V2、W2 接三相交流电源，三相定子绕组的三角形联结即变为双星形联结，电动机便以 2 极高速运行。

项目评测内容请扫描二维码。

项目7 三相异步电动机制动控制

 项目描述

某现场要求电动机能迅速停车，如果要求使用速度继电器控制，怎么实现？如果现场没有速度继电器可用，又怎么实现？

 项目目标

1. 能正确描述反接制动和能耗制动的实现方法。
2. 能识读不同控制原则的制动控制电路，提高逻辑思维能力和记忆力。
3. 能自觉依照安全操作规程按图布线、检查电路，会处理反接制动通电试车时的常见故障。
4. 按照电工职业标准及 6S 标准规范实施任务，有责任感，能团结合作，沟通交流能力强。

 知识准备

三相笼型异步电动机从切除电源到完全停止旋转，由于惯性的关系，总要经过一段时间，这往往不能适应某些生产机械工艺的要求。

采取一定措施使三相异步电动机在切断电源后迅速准确地停车，称为三相电动机的制动。制动方法一般有两大类：机械制动和电气制动。机械制动是用机械装置来强迫电动机迅速停车；电气制动实质上是在电动机停车时，产生一个与原来旋转方向相反的制动转矩，迫使电动机转速迅速降低。下面着重介绍电气制动控制电路，包括反接制动和能耗制动。

一、识读三相异步电动机反接制动控制电路

(一) 反接制动的实现

反接制动是通过改变电动机电源的相序，使定子绕组产生相反方向的旋转磁场，因而产生制动转矩的一种制动方法。

反接制动特点是制动迅速、效果好、冲击大，通常仅适用于 10kW 以下的小容量电动机。为了减小冲击电流，通常要求在电动机主电路中串接一定的电阻以限制反接制动电流。反接制动的另一要求是在电动机转速接近于零时，及时切断反相序电源，以防止电动机反转。

（二）速度原则控制的单向反接制动

反接制动的关键在于电动机电源相序的改变，且当转速下降接近于零时，能自动将电源切断。为此采用了速度继电器来检测电动机的速度变化。在 $120\sim3000r/min$ 范围内速度继电器触点动作，当转速低于 $100r/min$ 时，其触点恢复原位。图 7-1 所示为速度原则控制的单向反接制动的控制电路。

起动时，按下起动按钮 SB2，接触器 KM1 通电，其辅助常闭触点实现互锁，辅助常开触点实现自锁，主触点动作，电动机得电起动。当电动机转速大于 $120r/min$ 时，速度继电器 KS 的常开触点闭合，为反接制动做好了准备。

停车时，按下停止按钮 SB1，SB1 常闭触点断开接触器 KM1 线圈电路，电动机脱离电源。但由于此时电动机的惯性转速还很高，KS 的常开触点依然

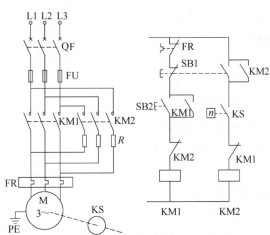

图 7-1　速度原则控制的单向反接制动控制电路

处于闭合状态，所以 SB1 常开触点闭合时，反接制动接触器 KM2 线圈得电，辅助常闭触点实现互锁，辅助常开触点实现自锁，主触点闭合，使电动机定子绕组得到与正常运转相序相反的三相交流电源，电动机进入反接制动状态，转速迅速降低。当电动机转速小于 $100r/min$ 时，速度继电器常开触点复位，接触器 KM2 线圈电路被切断，反接制动结束。工作过程介绍如下。

起动：$SB2^{\pm}\rightarrow KM1^{+}$（自锁）$\rightarrow$电动机全压起动$\xrightarrow{n\geqslant120r/min}KS^{+}$；

制动：$SB1^{\pm}\rightarrow\genfrac{}{}{0pt}{}{KM1^{-}}{KM2^{+}\text{（自锁）}}\rightarrow\genfrac{}{}{0pt}{}{\text{电动机反接制动}}{\text{转速 }n\text{ 下降}}\xrightarrow{n<100r/min}KS^{-}\rightarrow KM2^{-}\rightarrow$电动机停转。

（三）时间原则控制的单向反接制动

图 7-2 所示为时间原则控制的单向反接制动控制电路。按下起动按钮 SB2，接触器 KM1 线圈得电，电动机全压起动运行。若想停车时，按下停止按钮 SB1，SB1 常闭触点断开 KM1 线圈电路，接触器 KM1 所有触点复位，电动机定子绕组脱离三相交流电源。SB1 常开触点闭合使时间继电器 KT 线圈与 KM2 线圈同时通电并自锁，接触器 KM2 主触点闭合，使电动机定子绕组得到与正常运转相序相反的三相交流电源，电动机进入反接制动状态，转速迅速下降。当电动机转子的惯性速度接近于零时，时间继电器延时断开的常闭触点断开接触器 KM2 线圈电路，KM2 所有触点复位，时间继电器 KT 线圈的电源也被断开，反接制动结束。工作过程介绍如下。

起动：$SB2^{\pm}\rightarrow KM1^{+}$（自锁）$\rightarrow$电动机全压起动；

制动：$SB1^{\pm}\rightarrow\genfrac{}{}{0pt}{}{KM1^{-}}{\genfrac{}{}{0pt}{}{KM2^{+}\text{（自锁）}}{KT^{+}}}\rightarrow$电动机反接制动$\xrightarrow{\text{延时时间到}}KM2^{-}\rightarrow KT^{-}\rightarrow$电动机停转。

（四）反接制动控制电路的电气保护环节

1. 短路保护

熔断器 FU 可实现电路短路保护，但达不到过载保护的目的。

2. 过载保护

热继电器 FR 具有过载保护作用。只有在电动机长时间过载下 FR 才动作，其常闭触点断开控制电路，使接触器线圈断电释放衔铁，电动机断电停止旋转，实现电动机过载保护。

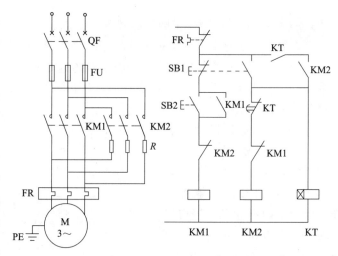

图 7-2　时间原则控制的单向反接制动控制电路

3. 失电压和零电压保护

欠电压保护与失电压保护是依靠接触器本身的电磁机构来实现的。当电源由于某种原因而严重欠电压或失电压时，接触器 KM1、KM2 的衔铁自行释放复位，电动机断电停止旋转，实现失电压和欠电压保护。

按钮与接触器的自锁共同实现零电压保护。当电源电压恢复正常时，只有在操作人员再次按下起动按钮 SB2 后电动机才会起动，进行零电压保护。

4. 互锁保护

KM1 和 KM2 的辅助常闭触点串入对方线圈电路实现互锁。用来控制电动机正反转的接触器 KM1 与 KM2 不能同时带电工作，否则将造成主电路相间短路。

二、识读三相异步电动机能耗制动控制电路

思考一

反接制动是将电动机的电源反接进行制动，那能耗制动是不是就是把能源耗尽之后就能停车呢？

所谓能耗制动，就是电动机脱离三相交流电源之后，在定子绕组上加一个直流电压，产生一个静止磁场。当电动机转子在惯性作用下继续旋转时将产生感应电流，该感应电流与静止磁场相互作用产生一个与电动机旋转方向相反的电磁转矩，起制动作用。因为这种方法是将转子动能转化为电能，并消耗在转子电路的电阻上，动能耗尽，系统停车，所以称之为能耗制动。

（一）时间原则控制的单向能耗制动

可以根据能耗制动时间控制原则用时间继电器进行控制，也可以根据能耗制动速度原则用速度继电器进行控制。图 7-3 为时间原则控制的单向能耗制动控制电路。

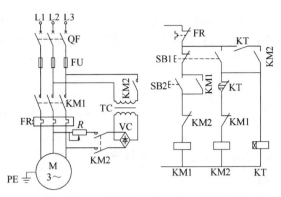

　　按下起动按钮 SB2，接触器 KM1 线圈得电，电动机全压起动运行。停车时，按下按钮 SB1，SB1 常闭触点断开 KM1 线圈电路，电动机定子绕组脱离三相交流电源。SB1 常开触点闭合使时间继电器 KT 线圈与 KM2 线圈同时通电并自锁，接触器 KM2 主触点闭合，将直流电源加入定子绕组，于是电动机进入能耗制动状态。当电动

图 7-3 　时间原则控制的单向能耗制动控制电路

机转子的惯性速度接近于零时，时间继电器延时断开的常闭触点断开接触器 KM2 线圈电路，KM2 辅助常开触点复位，时间继电器 KT 线圈的电源也被断开，电动机能耗制动结束。工作过程介绍如下。

　　起动：$SB2^{\pm} \rightarrow KM1^{+}$（自锁）$\rightarrow$电动机全压起动；

　　　　　　　$KM1^{-}$

　　制动：$SB1^{\pm} \rightarrow KM2^{+}$（自锁）$\rightarrow$电动机能耗制动 $\xrightarrow{\text{延时时间到}} KM2^{-} \rightarrow KT^{-} \rightarrow$电动机停转。

　　　　　　　KT^{+}

（二）速度原则控制的单向能耗制动控制

　　图 7-4 为速度原则控制的单向能耗制动控制电路。按下起动按钮 SB2，接触器 KM1 线圈得电，其辅助触点进行互锁、自锁，主触点闭合，电动机全压起动运行。当电动机转速高于 120r/min，速度继电器 KS 动作，其常开触点闭合。

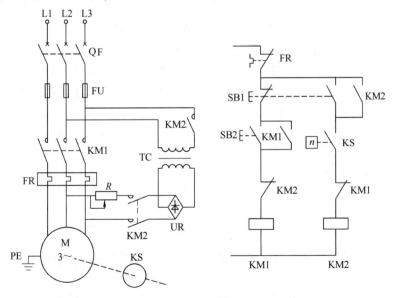

图 7-4 　速度原则控制的单向能耗制动控制电路

　　停车时，按下 SB1，接触器 KM1 线圈失电，电动机脱离三相交流电源，由于电动机转子的惯性速度仍然很高，速度继电器 KS 的常开触点仍然处于闭合状态，所以接触器 KM2 线

圈通电自锁。于是，两相定子绕组获得直流电源，电动机进入能耗制动。当电动机转子的惯性速度小于 100r/min 时，KS 常开触点复位，接触器 KM2 线圈断电而释放，能耗制动结束。工作过程介绍如下。

起动：$SB2^{\pm} \rightarrow KM1^{+}$（自锁）$\rightarrow$ 电动机全压起动 $\xrightarrow{n \geqslant 120r/min} KS^{+}$；

制动：$SB1^{\pm} \rightarrow \begin{matrix} KM1^{-} \\ KM2^{+}（自锁）\end{matrix} \rightarrow \begin{matrix} 电动机能耗制动 \\ 转速\ n\ 下降 \end{matrix} \xrightarrow{n < 100r/min} KS^{-} \rightarrow KM2^{-} \rightarrow$ 电动机停转。

（三）能耗制动控制电路的电气保护环节

1. 短路保护

熔断器 FU 可实现电路短路保护，但达不到过载保护的目的。

2. 过载保护

热继电器 FR 具有过载保护作用。只有在电动机长时间过载下 FR 才动作，其常闭触点断开控制电路，使接触器线圈断电释放衔铁，电动机断电停止旋转，实现电动机过载保护。

3. 失电压和零电压保护

欠电压保护与失电压保护是依靠接触器本身的电磁机构来实现的。当电源由于某种原因而严重欠电压或失电压时，接触器 KM1、KM2 的衔铁自行释放复位，电动机断电停止旋转，实现失电压和欠电压保护。

按钮与接触器的自锁共同实现零电压保护。当电源电压恢复正常时，只有在操作人员再次按下起动按钮 SB2 后电动机才会起动，进行零电压保护。

4. 互锁保护

KM1 和 KM2 的辅助常闭触点串入对方线圈电路实现互锁。用来控制电动机正反转的接触器 KM1 与 KM2 不能同时带电工作，否则将造成主电路相间短路。

>> **温馨提示**

遵守安全操作规程，注重电器安全保护

1）在电动机制动控制电路中，无论是哪种制动方法，最关键的问题在于当转速下降接近于零时，能自动将电源切除。用时间继电器延时时间来控制的称为时间原则控制，采用速度继电器常开触点的动作与复位来控制的称为速度原则控制。

2）无论哪种制动控制电路，起动接触器和制动接触器应该互锁。

 **项目实施1**　三相异步电动机速度控制反接制动

技能目标

1. 会正确选用并检测电器，能按图连接速度继电器控制反接制动电路，团队协作能力强。

2. 按步骤进行通电试车前电路检查及通电试车运行，安全用电意识强。

3. 会处理速度控制反接制动控制过程中的常见故障，善于发现问题、解决问题。

4. 按照 6S 操作规范实施任务，有责任心和敢于担当的勇气。

一、清点器材

项目所需的实训器材包括三相异步电动机 1 台、断路器 1 个、熔断器 4 个、热继电器 1 个、接触器 2 个、速度继电器 1 个、电阻 3 个、按钮 2 个、万用表 1 块、工具 1 套、导线若干，如图 7-5 所示。

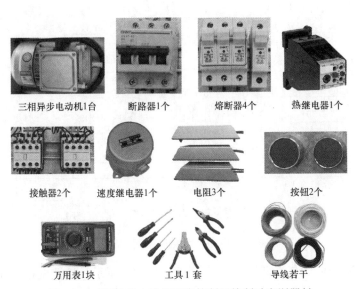

三相异步电动机1台　　断路器1个　　熔断器4个　　热继电器1个

接触器2个　　速度继电器1个　　电阻3个　　按钮2个

万用表1块　　工具1套　　导线若干

图 7-5　三相异步电动机速度控制反接制动实训器材

二、识读电路

三相异步电动机速度控制反接制动实训电路如图 7-6 所示。

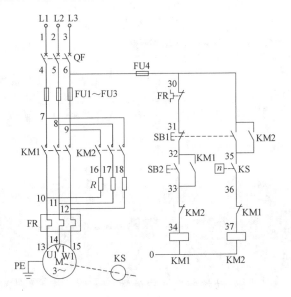

图 7-6　三相异步电动机速度控制反接制动实训电路

三、选用电器

按图 7-7 所示选用电器，做好标记，检查所选电器是否完好。

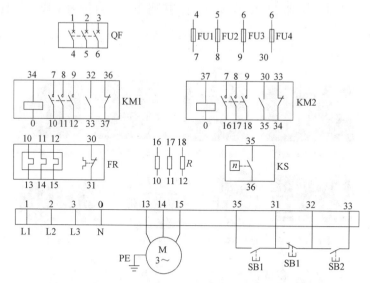

图 7-7　三相异步电动机速度控制反接制动实训接线图

1）选用型号为 D6 的任意断路器（左），如图 7-8a 所示，检测配电盘上的 4 个熔断器是否完好。

2）选择 2 个接触器作为 KM1 和 KM2，如图 7-8b 所示，做好标记并测试其线圈和触点是否完好。

3）选用 1 个热继电器（左侧），如图 7-8c 所示。

4）选择不同颜色的 2 个按钮作为 SB1（红色）、SB2（绿色），如图 7-8d 所示，做好标记并测试其常开、常闭触点是否完好，选用 3 个制动电阻。

a) 选用断路器和熔断器

b) 选用接触器

图 7-8　选用电器

c) 选用热继电器

d) 选用按钮和电阻

e) 选用电动机和速度继电器

图 7-8 选用电器（续）

5）选用主轴带有速度继电器的电动机，如图 7-8e 所示，可以进行丫-△换接，本项目做三角形联结。

四、按图布线

1）依据先主后辅、从上到下、从左到右的顺序按图 7-6 接线，注意布线合理、正确，导线平直、美观，接线正确、牢固。

2）端子排上三相电源进线与三相异步电动机电源进线的接线，如图 7-9a 所示。

a) 端子排上三相电源进线及电动机电源进线

b) 电动机 △ 联结

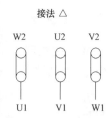

c) 电动机外部接线

d) 速度继电器接线

图 7-9 接线提示

e) 制动电阻接线　　　　　　　　　　　　f) KM2实现反转的相序对调

图7-9　接线提示（续）

3）电动机6个出线端U1、V1、W1、U2、V2、W2，这里需要接成三角形联结，接法示意图如图7-9b所示，外部实际接线如图7-9c所示。

4）速度继电器有4个出线端，分别为常开触点K1、K2，常闭触点B1、B2。速度继电器这4个出线端在端子排上位置如图7-9d所示。

5）如图7-9e所示为3个制动电阻的接线。

6）控制反接制动的接触器KM2，主触点进线实现L1、L3相序对调，如图7-9f所示；出线没有相序对调。

7）读电气原理图有困难的，可按照图7-7实训接线图中线号提示接线。

五、整定电器

调整复位按钮为复位方式，并使绿色动作指示件在复位状态，如图7-10a所示为过载状态，图7-10b所示为复位状态，然后测试热继电器的常闭触点是否完好。

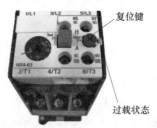

a) 未整定　　　　　b) 整定

图7-10　整定热继电器

六、常规检查

1. 检查主电路

1）合上断路器，如图7-11a所示，使用数字式万用表的二极管档或者指针式万用表的

a)检查L1、L2两相间电阻

图7-11　检查主电路

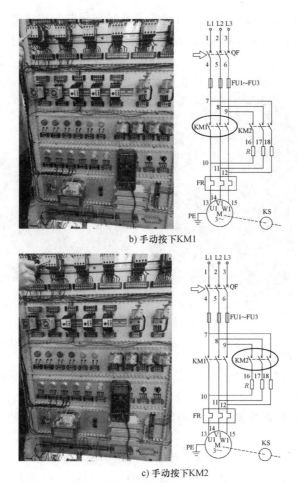

b) 手动按下KM1

c) 手动按下KM2

图7-11　检查主电路（续）

欧姆档（"×1k"档），并将红、黑表笔分别接在三根相线中的任意两根（如L1、L2两相），两相间应该是断开的，万用表显示"1."为正常；如果万用表指示为"0"，说明该两相存在短路故障，需要检查电路。

2）万用表两表笔位置保持不动，手动按下接触器KM1，KM1主触点闭合，主电路连通，如果万用表显示电动机绕组内阻为正常，如图7-11b所示，继续到步骤3）检查；如果万用表显示为"0"，说明主电路中KM1支路有短路故障，需要检查排除之后返回步骤2）。

3）万用表两表笔位置保持不动，手动按下接触器KM2，KM2主触点闭合，主电路连通，如果万用表显示电动机绕组内阻与制动电阻总阻值为正常，如图7-11c所示，继续到步骤4）检查；如果万用表显示为"0"，说明主电路中KM2支路有短路故障，需要检查排除之后返回步骤3）。

4）同理检查L2、L3两相和L1、L3两相，分别手动按下KM1、KM2，万用表显示分别从"1."变为电动机绕组内阻为正常。

2. 检查控制电路电源

1）找到控制电路相线。方法是将万用表一只表笔接热继电器FR常闭触点的输入端（95端），另一表笔分别接触三根相线，万用表的示数为"0"的那相即是控制电路所用的相线。图 7-12a 中万用表的红色表笔所接那相即为控制电路所用相线。

2）检查控制电路电源。找到控制电路相线后，将万用表一只表笔接控制电路相线，另一表笔接中性线，电路此时应该是断的，万用表显示"1."为正常，如图 7-12b 所示；如果万用表显示为"0"，说明存在短路故障，需要检修电路。

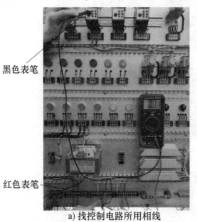

a) 找控制电路所用相线　　　b) 检查控制电路相线和中性线之间有无短路

图 7-12　检查控制电路电源

3. 检查控制电路 KM1 支路

万用表两表笔位置保持不动，按下起动按钮 SB2，如果万用表显示数值等于接触器线圈内阻（一般为 400~600Ω），说明正常，如图 7-13a 所示，到下一步继续检查；如果万用表显示"1."，说明 KM1 线圈电路断路；如果万用表显示"0"，说明 KM1 线圈电路短路，需要检修电路。

按住 SB2，再按下 SB1，万用表显示数值从线圈内阻变为"1."为正常，如图 7-13b 所示。如果依然显示接触器线圈内阻，说明 SB1 常闭触点接触不良或者接错线。

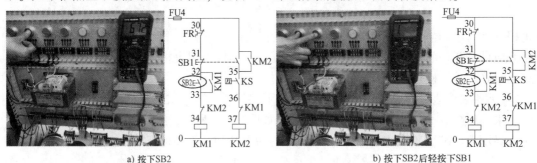

a) 按下SB2　　　　　　　　　　　　　　b) 按下SB2后轻按下SB1

图 7-13　检查 KM1 线圈支路

4. 检查 KM1 自锁

万用表两表笔位置保持不动，一只表笔接控制电路相线，另一表笔接中性线，万用表显示"1."。手动按下接触器 KM1，接触器 KM1 辅助常开触点闭合，如果万用表显示数值等于接触器 KM1 线圈内阻（一般为 400~600Ω）为正常，如图 7-14a 所示；再按下 SB1，万用表重新显示"1."为正常，如图 7-14b 所示，说明 KM1 自锁接的没有问题；否则返回检修自锁两条线。

KM2 支路无法使用万用表整体检查，可以尝试通电试车，发现故障后再进线分析检修。

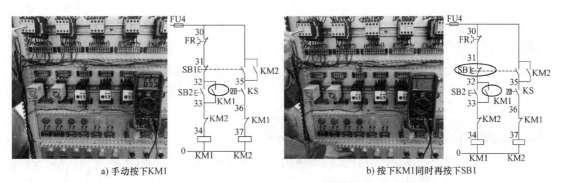

a) 手动按下KM1　　　　　　　　　　　b) 按下KM1同时再按下SB1

图 7-14　检查 KM1 自锁

七、通电试车

在指导教师监护下通电试车。

1）按下起动按钮 SB2，KM1 线圈得电，电动机全压运行。当电动机转速高于 120r/min 时，速度继电器 KS 常开触点闭合，为反接制动做好准备。如发现电器动作异常、电动机不能正常运转时，必须马上按下 SB1 停车，断电后再进行检修，注意不允许带电检查。

2）停车按下按钮 SB1，KM1 断电复位，KM2 线圈得电，电动机进入反接制动，当电动机转速低于 100r/min 时，速度继电器 KS 常开触点复位断开，反接制动结束，电动机断电停止转动。

八、清理工位

调试成功后，停车，关闭电源，经指导教师同意后，拆线并维护实训设备及元件，清点工具，清理工作台位，去掉配电盘上标记。

九、完成报告

完成项目实训报告。

知识拓展

生活需要有责任心和敢于担当的勇气

　　没有谁一生都过得一帆风顺，也没有谁生下来就懂得成长，都是经过不断的磨炼才学会成长，经过人生坎坷才学会坚强！每个人生活都不容易，人人都要承担生活的责任。大学生从成人那一刻起，肩上就扛起了不可推卸的家庭责任和社会责任，因此做任何事情都要有责任心。责任心是对事情敢于负责、主动负责的态度，如果没有这种态度，就没有敢于担当的勇气。

　　进行三相异步电动机速度控制反接制动实训，小组成员需要熟悉任务要求、合理安排组内任务分工，有了明确的任务分工便会产生责任心，当其他组员有困难时能提供帮助，就会产生责任感。全组同学很快就能形成齐心协力共同担当的氛围，自然能确保实训任务快速、成功地完成。

思考二

这个实训电路通电试车后经常会出现哪些故障呢？又需要怎样排除呢？

▶ **常见故障现象与检修方法**

通电试车过程中，不管出现什么故障现象，必须关闭 QF，切断电源后进行电路分析和检修，必要时可以请指导教师协助检修。

三相异步电动机速度控制反接制动常见的故障现象与检修方法见表 7-1。

表 7-1 三相异步电动机速度控制反接制动常见故障现象与检修方法

序号	故障现象	检修方法
1	按下起动按钮 SB2 后，接触器 KM1 不动作	①教师用万用表 AC500V 档检查实验台电源插座是否有电、电压值是否正常 ②断电,检查断路器 QF 是否闭合 ③将万用表两表笔分别放在 6 号线和 30 号线上,如果万用表的示数为"0",正常,到步骤④继续检查;如果万用表显示"1.",再将两表笔分别放在熔断器两端,如果万用表仍显示"1.",更换熔断器熔体;如果万用表显示"0",说明熔断器没有问题,检查 6 号线和 30 号线是否接触不良,回到步骤③ ④将万用表两表笔分别接 6 号线和 31 号线上,如果万用表显示"0"为正常,到步骤⑤继续检查;如果万用表显示"1.",检查热继电器是否复位,热继电器常闭触点和 31 号线是否接触不良,回到步骤④ ⑤将万用表两表笔分别接 6 号线和 32 号线上,如果万用表显示"0",正常,到步骤⑥;如果万用表显示"1.",检查 SB1 常闭触点和 32 号线,回到步骤⑤ ⑥将万用表两表笔分别接 6 号线和 33 号线上,按下 SB2,万用表显示"0"为正常,到步骤⑦;否则检查按钮 SB2 常开触点和 33 号线,回到步骤⑥ ⑦将万用表两表笔分别接按钮出线端 33 号线和 34 号线,如果万用表显示"0"为正常,到步骤⑧继续检查;如果万用表显示"1.",检查接触器 KM2 常闭触点是否接触不良,回到步骤⑦ ⑧万用表两表笔分别接按钮出线端 33 号线和中性线,万用表显示接触器线圈内阻为正常,可以重新试电;否则检查接触器线圈和 0 号线是否接触不良,回到步骤⑧
2	松开 SB2 后接触器 KM1 即失电	①断电,检查 KM1 辅助常开触点进出线,32 号线接 KM1 辅助常开触点的输入端,33 号线接 KM1 辅助常开触点的输出端 ②如果电路没有错误,换 KM1 另外一对常开触点试试
3	起动后,接触器动作,但电动机不动或者嗡嗡响,转动不流畅	①立即断电,检查熔断器 FU1~FU3 是否有熔断 ②检查主电路是否有夹皮子、线断开或者接错 ③拆下电动机,接通电源,按下起动按钮 SB2,指导教师使用万用表 AC500V 档检查 1、2、3 号线线电压,正常,到步骤④;不正常,检修,回到步骤③ ④检查 4、5、6 号线线电压,正常,到步骤⑤;不正常,检修,回到步骤④ ⑤检查 7、8、9 号线线电压,正常,到步骤⑥;不正常,检修,回到步骤⑤ ⑥检查 10、11、12 号线线电压,正常,到步骤⑦;不正常,检修,回到步骤⑥ ⑦检查 13、14、15 号线线电压,正常,重新通电试车;不正常,检修,回到步骤⑦
4	电动机起动后,按下 SB1 后接触器 KM1 不断电	断电,检查按钮 SB1 常闭触点两条线,即 31 号线和 32 号线是否接错位置,尤其是 31 号线

(续)

序号	故障现象	检修方法
5	按下 SB1 后接触器 KM1 断电，但 KM2 不工作	①断电，检查按钮 SB1 常开触点两条线是否被振松，即 30 号线和 35 号线 ②检查速度继电器常开触点两条线，即 35 号线和 36 号线 ③检查 KM1 辅助常闭触点两条线，即 36 号线和 37 号线 ④检查 KM2 线圈两条线，即 37 号线和 0 号线

 项目评价 1

项目评价见表 7-2。

表 7-2 三相异步电动机速度控制反接制动考核要求及评分标准

考核内容	考核要求	配分	评分标准	扣分	自评	小组评	教师评
选用电器	正确选用电器 检查电器好坏	10 分	电气元件漏检每处扣 2 分；选用不准确扣 5 分				
接线	布线合理、正确	45 分	每错 1 处扣 2 分				
	导线平直、美观，不交叉，不跨接		布线不美观、导线不平直、交叉架空跨接每处扣 1 分				
	接线正确、牢固		裸露导线过长或者接点压接不紧，每处扣 1 分				
试车	电器未整定或整定错误	30 分	每错 1 处扣 4 分				
	操作顺序正确		操作不正确扣 2~4 分				
	通电试车成功		1 次不成功扣 10 分，3 次不成功本项不得分				
文明操作	工作台面清洁、工具摆放整齐	10 分	凡违反有关规定，酌情扣 2~4 分，但对发生严重事故者，则取消资格				
时间定额	3h 按时完成	5 分	每超时 5min 酌情扣 3~5 分				
总分		100 分					

 技术升级 PLC 控制的速度控制反接制动

一、I/O 口分配

这里使用的 PLC 是西门子公司 S7-200，该 PLC 有 14 个输入点，10 个输出点。

图 7-9 所示三相异步电动机速度控制反接制动电路中，控制按钮有 2 个，即起动按钮 SB2、停车按钮 SB1，与速度继电器 KS 常开触点共占用 3 个 PLC 输入点。控制电动机的接触器 KM1、KM2 占用 2 个 PLC 输出点。具体端口分配见表 7-3。

表 7-3 I/O 口分配

序号	状态	名称	作用	I/O 口
1	输入	按钮 SB1	控制 KM2 停止工作	I0.1
2	输入	按钮 SB2	控制 KM1 工作	I0.0
3	输入	速度继电器常开触点	切断反接制动	I0.3
4	输出	接触器 KM1	控制电动机起动	Q0.0
5	输出	接触器 KM2	控制电动机反接制动	Q0.1

二、电路改造

PLC 控制的三相异步电动机速度控制反接制动控制电路如图 7-15 所示。提醒注意的是，除了在程序中互锁外，在硬件电路上也要用接触器辅助触点互锁。这是因为 PLC 扫描周期很短，而接触器触点不能在这么短时间内完成机械动作，必须用接触器辅助触点在硬件电路上进行互锁，避免电源短路，保证电路可靠工作。

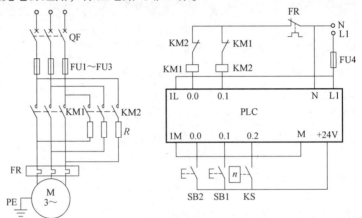

图 7-15 PLC 控制的三相异步电动机速度控制反接制动控制电路

三、梯形图设计

三相异步电动机速度控制反接制动控制程序梯形图如图 7-16 所示。

图 7-16 三相异步电动机速度控制反接制动控制程序梯形图

思考三

反接制动时如果手边没有速度继电器，怎么办呢？

▶ 项目实施2 三相异步电动机时间控制反接制动

技能目标

1. 会正确选用并检测电器，能按图连接时间控制反接制动电路，有团队协作能力。

2. 按步骤进行通电试车前电路检查及通电试车运行，安全用电意识强。

3. 会处理时间控制反接制动控制过程中的常见故障，有分析问题和解决问题的逻辑思维能力。

4. 按照 6S 操作规范实施任务，团结合作，提高沟通交流能力。

一、清点器材

项目所需的实训器材包括三相异步电动机 1 台、断路器 1 个、熔断器 4 个、热继电器 1 个、接触器 2 个、时间继电器 1 个、电阻 3 个、按钮 2 个、万用表 1 块、工具 1 套、导线若干，如图 7-17 所示。

二、识读电路

三相异步电动机时间控制反接制动实训电路如图 7-18 所示。

三相异步电动机1台　断路器1个　　熔断器4个　　热继电器1个

接触器2个　　时间继电器1个　电阻3个　　按钮2个

万用表1块　　　工具 1 套　　　导线若干

图 7-17　三相异步电动机时间控制反接制动实训器材

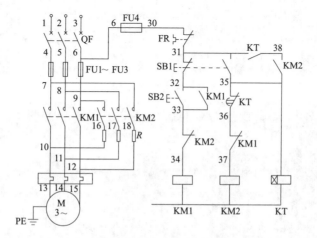

图 7-18　三相异步电动机时间控制反接制动实训电路

三、选用电器

按图 7-19 所示选用电器，做好标记，检查所选电器是否完好。

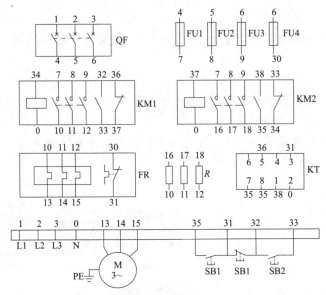

图 7-19　三相异步电动机时间控制反接制动实训接线图

1）选用型号为 D6 的任意断路器（左），如图 7-20a 所示。

2）检测配电盘上的 4 个熔断器是否完好。

3）选择 2 个接触器作为 KM1 和 KM2，如图 7-20b 所示，做好标记并测试其线圈和触点是否完好。

a）选用断路器和熔断器

b）选用接触器

图 7-20　选用电器

c) 选用时间继电器和热继电器

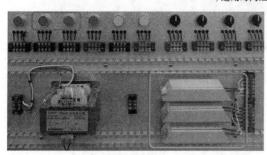

d) 选用按钮和电阻

e) 选用电动机

图 7-20 选用电器（续）

4）选用 1 个热继电器（左侧），如图 7-20c 所示。

5）选用 1 个时间继电器（左侧），如图 7-20c 所示。

6）选择不同颜色的 2 个按钮作为 SB1（红色）、SB2（绿色），如图 7-20d 所示，做好标记并测试其常开、常闭触点是否完好。选用 3 个制动电阻。

7）选用电动机（左二），如图 7-20e 所示，可以进行丫-△换接，本项目做三角形联结。

四、按图布线

1）依据先主后辅、从上到下、从左到右的顺序按图 7-18 接线，注意布线合理、正确，导线平直、美观，接线正确、牢固。

2）电动机 6 个出线端 U1、V1、W1、U2、V2、W2，这里接成三角形联结，接法示意如图 7-21a 所示，实际接线如图 7-21b 所示。

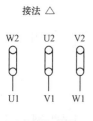

a) 电动机△联结

b) 电动机接线

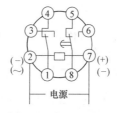

c) 时间继电器触点

d) 时间继电器底座

图 7-21 接线提示

3）时间继电器的线较多，注意不要接错。图 7-21c 所示为时间继电器触点示意图，对照时间继电器底座上的引脚号，如图 7-21d 所示，按照线号顺序依次连线。

五、整定电器

1）将时间继电器延时时间调为 5s，根据图 7-22a 所示，将时间设定开关设在 1、4 位置，如图 7-22b 所示，定时时间范围为 0~10s。旋转时间设定电位器，设定时间为 5s。

2）将热继电器复位。热继电器复位键处于过载状态时如图 7-22c 所示，处于复位状态时如图 7-22d 所示。

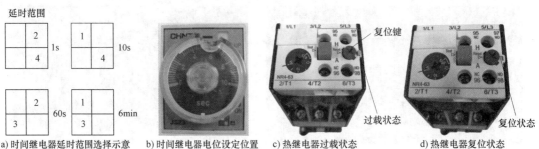

a) 时间继电器延时范围选择示意　　b) 时间继电器电位设定位置　　c) 热继电器过载状态　　d) 热继电器复位状态

图 7-22　整定电器

六、常规检查

1. 检查主电路

1）合上断路器，如图 7-23a 所示，使用数字式万用表的二极管档或者指针式万用表的欧姆档（"×1k" 档），并将红、黑表笔分别接在三根相线中的任意两根（如 L1、L2 两相），两相间应该是断开的，万用表显示 "1." 为正常；如果万用表指示为 "0"，说明该两相存在短路故障，需要检查电路。

2）万用表两表笔位置保持不动，手动按下接触器 KM1，KM1 主触点闭合，主电路连通，如果万用表显示电动机绕组内阻为正常，如图 7-23b 所示，继续到步骤 3）检查；如果万用表显示为 "0"，说明主电路中 KM1 支路有短路故障，需要检查排除之后返回步骤 2）。

3）万用表两表笔位置保持不动，手动按下接触器 KM2，KM2 主触点闭合，主电路连通，如果万用表显示电动机绕组内阻与电阻 R 总阻值为正常，如图 7-23c 所示，继续到步骤 4）检查；如果万用表显示为 "0"，说明主电路中 KM2 支路有短路故障，需要检查排除之后返回步骤 3）。

4）同理检查 L2、L3 两相和 L1、L3 两相，分别手动按下 KM1、KM2，万用表显示分别从 "1." 变为电动机绕组内阻为正常。

2. 检查控制电路

1）找到控制电路相线。方法是将万用表一只表笔接热继电器 FR 常闭触点的输入端（95 端），另一表笔分别接触三根相线，万用表的示数为 "0" 的那相即是控制电路所用的相线。图 7-24a 中万用表的红色表笔所接那相即为控制电路所用相线。

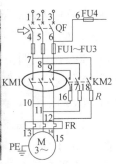

a) 检查L1、L2两相间电阻

b) 手动按下KM1

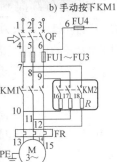

c)手动按下KM2

图 7-23   检查主电路

2) 检查控制电路电源。找到控制电路相线后，将万用表一只表笔接控制电路相线，另一表笔接中性线，电路此时应该是断的，万用表显示"1."为正常，如图 7-24b 所示，到步骤 3) 进行检查；如果万用表显示为"0"，说明存在短路故障，需要检查电路之后返回步骤 2)。

黑色表笔

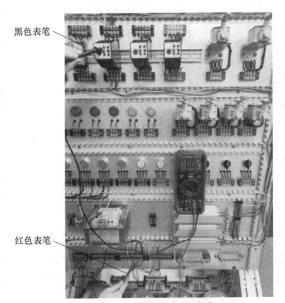

红色表笔

a) 找控制电路所用相线

b) 检查控制电路相线和中性线之间有无短路

图 7-24   检查控制电路

3）万用表两表笔位置保持不动，一只表笔接控制电路相线，另一表笔接中性线，万用表显示"1."。按下起动按钮 SB2，如果万用表显示数值等于接触器 KM1 线圈内阻（一般为400~600Ω），说明正常，如图 7-25a 所示，到步骤 4）继续检查；如果万用表显示"1."，说明 KM1 线圈电路断路；如果万用表显示"0"，说明 KM1 线圈电路短路，需要检修电路，返回步骤 3）。

4）按住 SB2 别松，轻按下 SB1 不到底，万用表显示数值从 KM1 线圈内阻变为"1."，如图 7-25b 所示，说明 KM1 线圈电路没有问题，如果依然显示线圈内阻，说明 SB1 常闭触点接触不良或者接错线。再继续向下按 SB1，万用表重新显示线圈内阻，如图 7-25c 所示，说明 KM2 线圈电路没有问题。如果万用表显示"1."，说明 KM2 线圈电路断路；如果万用表显示"0"，说明 KM2 线圈电路短路，需检修，检修后返回步骤 4）。

5）万用表两表笔位置保持不动，手动按下接触器 KM1，接触器辅助常开触点闭合，如果万用表显示数值等于接触器 KM1 线圈内阻（一般为 400~600Ω）为正常，如图 7-26a 所示，再按下 SB1，万用表重新显示"1."，如图 7-26b 所示，说明 KM1 自锁接的也没有问题。其他支路无法使用万用表整体检查，可以尝试通电试车，发现故障后再进行分析检修。

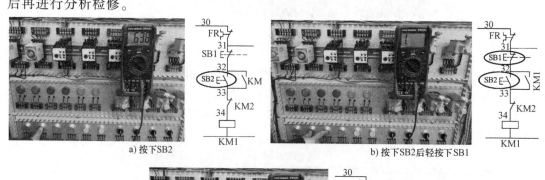

a) 按下SB2　　　　　　　　　　b) 按下SB2后轻按下SB1

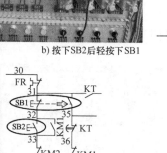

c) 按下SB2后将SB1按到底

图 7-25　检查控制电路

七、通电试车

在指导教师监护下通电试车。

1）按下起动按钮 SB2，KM1 线圈得电，电动机全压运行。如发现电器动作异常、电动机不能正常运转时，必须马上按下 SB1 停车，断电后再进行检修，注意不允许带电检查。

2）停车按下按钮 SB1，KM1 断电复位，KM2 和 KT 线圈得电（KT 正面面板上"ON"灯亮），电动机进入反接制动；5s 后 KT 面板上"UP"灯亮，KM2 线圈断电复位，电动机断电停止转动，同时 KT 也断电复位。

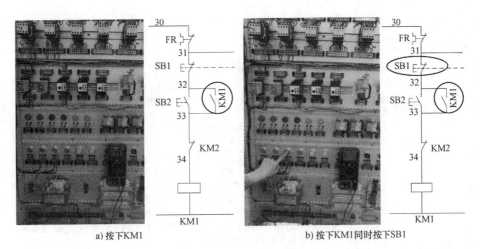

a) 按下KM1　　　　　　　　　　b) 按下KM1同时按下SB1

图 7-26　检查 KM1 自锁

八、清理工位

调试成功后，停车，关闭电源，经指导教师同意后，拆线并维护实训设备及元件，清点工具，清理工作台位，去掉配电盘上的标记。

九、完成报告

完成项目实训报告。

知识拓展

团结合作，提高沟通交流能力

大学生心理有时候会在亚健康状态徘徊，自闭、抑郁、焦虑等心理问题在大学生身上时有发现。大学生应该注重自尊、自爱、自律、自强精神的培养，做好角色转换与适应，克服交际、网络依赖、学习与生活压力等困难，增强经受考验、承受挫折的能力。

在三相异步电动机时间控制反接制动实训小组任务分工时，不仅要考虑组内成员的知识掌握程度和动手能力，还要把性格特征考虑进去，让活泼开朗、乐观向上的小组成员跟性格内向、不自信的成员互相组合，这样就能通过实训期间的交流与合作，让每个同学都感受到参与的快乐，体验成功的喜悦。

思考四

这个实训电路通电试车后经常会出现哪些故障呢？又需要怎样排除呢？

 常见故障现象与检修方法

通电试车过程中，不管出现什么故障现象，必须关闭 QF，切断电源后进行电路分析和检修，必要时可以请指导教师协助检修。

三相异步电动机时间控制反接制动常见的故障现象与检修方法见表7-4。

表7-4 三相异步电动机时间控制反接制动常见故障现象与检修方法

序号	故障现象	检修方法
1	按下起动按钮 SB2 后，接触器 KM1 不动作	①教师用万用表 AC500V 档检查实验台电源插座是否有电、电压值是否正常 ②断电，检查断路器 QF 是否闭合 ③将万用表两表笔分别放在 6 号线和 30 号线上，如果万用表的示数为"0"，正常，到步骤④继续检查；如果万用表显示"1."，再将两表笔分别放在熔断器两端，如果万用表仍显示"1."，更换熔断器熔体；如果万用表显示"0"，说明熔断器没有问题，检查 4 号线和 30 号线是否接触不良，回到步骤③ ④将万用表两表笔分别接 6 号线和 31 号线，如果万用表显示"0"为正常，到步骤⑤继续检查；如果万用表显示"1."，检查热继电器是否复位，热继电器常闭触点和 31 号线是否接触不良，回到步骤④ ⑤将万用表两表笔分别接 6 号线和 32 号线，如果万用表显示"0"，正常，到步骤⑥继续检查；如果万用表显示"1."，检查 SB1 常闭触点和 32 号线，回到步骤⑤ ⑥将万用表两表笔分别接 6 号线和 33 号线，按下 SB2，万用表显示"0"为正常，到步骤⑦继续检查；否则检查按钮 SB2 常开触点和 33 号线，回到步骤⑥ ⑦万用表两表笔分别接按钮出线端 33 号线和 34 号线，如果万用表显示"0"为正常，到步骤⑧继续检查；如果万用表显示"1."，检查接触器 KM2 常闭触点是否接触不良，回到步骤⑦ ⑧将万用表两表笔分别接按钮出线端 33 号线和中性线，万用表显示接触器线圈内阻为正常，可以重新试电；否则检查接触器线圈和 0 号线是否接触不良，回到步骤⑧
2	按下停车按钮 SB1 后，KM2 工作，但是 KT 不工作	①检查 KM2 辅助常开触点、KT 瞬时触点进出线，即 31、38 和 35 号线是否接错 ②检查时间继电器线圈进出线，即 35 号线接 KT 的 7 号端，0 号线接 KT 的 2 号端，并接中性线 ③换时间继电器 KT
3	松开 SB1 后 KM2、KT 即失电	①检查 KT 瞬时常开触点进出线，31 号线接到 KT 的 3 号端，38 号线接到 KT 的 1 号端，检查线是否接触不良 ②检查 KM2 辅助常开触点进出线，38 号线接 KM2 辅助常开触点的输入端，35 号线接 KM2 辅助常开触点的输出端，并连接到时间继电器的 7 号端 ③如果电路没有错误，换时间继电器 KT
4	KT"ON"灯亮，延时时间到，KT 的"UP"灯不亮	断电，换个时间继电器后，重新试电
5	延时时间到后，KM2 没有停止工作	①检查时间继电器延时常闭触点进出线，35 号线接时间继电器 8 号端，36 号线接时间继电器 5 号端；尤其是 35 号线，要重点检查，共有 3 条 35 号线，是否都连接上 ②如果接线都没有错，换时间继电器
6	电动机起动后，按下 SB1 不能停车	检查按钮 SB1 常闭触点两条线，即 31 号线和 32 号线是否接错位置，尤其是 31 号线
7	起动后，接触器动作，但电动机不动或者嗡嗡响，转动不流畅	①立即断电，检查熔断器 FU1~FU3 是否有熔断 ②检查主电路是否有夹皮子、线断开或者接错 ③拆下电动机，按下起动按钮 SB2，指导教师使用万用表 AC500V 档检查 1、2、3 号线线间电压，正常，到步骤④；不正常，检修，回到步骤③ ④检查 4、5、6 号线线间电压，正常，到步骤⑤；不正常，检修，回到步骤④ ⑤检查 7、8、9 号线线间电压，正常，到步骤⑥；不正常，检修，回到步骤⑤ ⑥检查 10、11、12 号线线间电压，正常，到步骤⑦；不正常，检修，回到步骤⑥ ⑦检查 13、14、15 号线线间电压，正常，重新通电试车；不正常，检修，回到步骤⑦

项目评价2

项目评价见表7-5。

表7-5 三相异步电动机时间控制反接制动考核要求及评分标准

考核内容	考核要求	配分	评分标准	扣分	自评	小组评	教师评
选用电器	正确选用电器、检查电器好坏	10分	选用电器不准确扣5分;电气元件漏检每处扣2分				
接线	布线合理、正确	45分	每错1处扣2分				
	导线平直、美观,不交叉,不跨接		布线不美观、导线不平直、交叉架空跨接每处扣1分				
	接线正确、牢固		裸露导线过长或者接点压接不紧,每处扣1分				
试车	电器未整定或整定错误	30分	每错1处扣4分				
	操作顺序正确		操作不正确扣2~4分				
	通电试车成功		1次不成功扣10分,3次不成功本项不得分				
文明操作	工作台面清洁、工具摆放整齐	10分	凡违反有关规定,酌情扣2~4分,但对发生严重事故者,则取消资格				
时间定额	3h按时完成	5分	每超时5min酌情扣3~5分				
总分		100分					

技术升级 PLC控制的时间控制反接制动

一、I/O分配

这里使用的PLC是西门子公司S7-200,该PLC有14个输入点,10个输出点。

图7-18所示三相异步电动机时间控制反接制动控制电路中,控制按钮有2个,即起动按钮SB2、停车按钮SB1,占用2个PLC输入点。控制电动机的接触器KM1、KM2,占用2个PLC输出点。具体端口分配见表7-6。

表7-6 I/O口分配

序号	状态	名称	作用	I/O口
1	输入	按钮SB1	控制KM1停止工作	I0.1
2	输入	按钮SB2	控制KM1工作	I0.0
3	输出	接触器KM1	控制电动机起动	Q0.0
4	输出	接触器KM2	控制电动机反接制动	Q0.1

二、电路改造

PLC控制的三相异步电动机时间控制反接制动控制电路如图7-27所示。提醒注意的是,

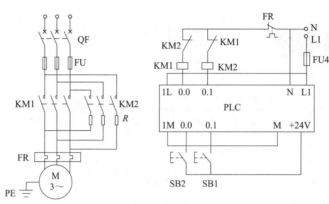

图 7-27　PLC 控制的三相异步电动机
时间控制反接制动电路图

采用 PLC 控制的三相异步电动机时间控制单向反接制动控制电路中，除了在程序中互锁外，在硬件电路上也要用接触器辅助触点互锁。这是因为 PLC 扫描周期很短，而接触器触点不能在这么短时间内完成机械动作，必须用接触器辅助触点在硬件电路上进行互锁，避免电源短路，保证电路可靠工作。

三、梯形图设计

三相异步电动机时间控制反接制动控制程序梯形图如图 7-28 所示。

 项目总结

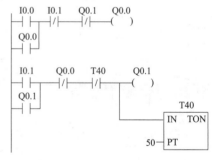

图 7-28　三相异步电动机时间控制反接
制动控制程序梯形图

1）常用的制动方式有反接制动和能耗制动，制动控制电路设计应考虑限制制动电流和避免反向再起动。反接制动是在主电路中串联限流电阻实现，采用速度继电器进行控制；能耗制动是通入直流电流产生制动转矩，采用时间继电器或者速度继电器进行控制。

2）反接制动是通过改变电动机电源的相序，使定子绕组产生相反方向的旋转磁场，因而产生制动转矩的一种制动方法。

3）能耗制动是电动机脱离三相交流电源之后，在定子绕组上加一个直流电压，产生一个静止磁场。当电动机转子在惯性作用下继续旋转时会产生感应电流，该感应电流与静止磁场相互作用产生一个与电动机旋转方向相反的电磁转矩，起制动作用。

4）在电动机制动控制电路中，无论是哪种制动方法，最关键的问题在于当转速下降接近于零时，能自动将电源切除。无论哪种制动控制电路，起动接触器和制动接触器应该互锁。

 项目评测

项目评测内容请扫描二维码。

项目8 CA6140型卧式车床电气控制

项目描述

某车间现有一台 CA6140 型卧式车床，由几台电动机控制的呢？是如何实现控制的呢？

项目目标

1. 能描述车床的运动形式和电力拖动要求，了解我国机床的发展，提升爱国主义情怀。

2. 能识读 CA6140 型车床控制电路图，能准确描述控制联锁和电气保护，综合运用知识能力强。

3. 能按图布线，进行通电试车前的初步检查、通电试车及检修电路的常见故障，具备系统的安装、调试及运行维护能力。

4. 按照生产现场 6S 管理标准整理现场。

知识准备

一、了解 CA6140 型卧式车床电力拖动方式与控制要求

车床是一种应用极为广泛的金属切削机床，能够车削外圆、内圆、端面、螺纹和定型表面，并可以通过尾架进行钻孔、铰孔等加工。图 8-1 所示为车床型号的含义。车床可分为卧式车床和立式车床等不同的种类，现以 CA6140 型卧式车床为例进行电气控制电路分析。

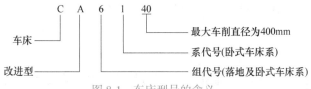

图 8-1 车床型号的含义

(一) 主要结构和运动形式

CA6140 型卧式车床属小型普通车床，加工工件回转直径最大可达 400mm，其结构主要由床身、主轴箱、进给箱、溜板箱、刀架、丝杠、光杠和尾座等部分组成。

车削加工时，主运动是主轴卡盘带动工件的旋转运动，进给运动是溜板刀架或尾架顶针带动刀具的直线运动，辅助运动是刀架的快速移动及工件的夹紧和放松。

主轴一般只要求单方向旋转，只有在车螺纹时才需要用反转来退刀。CA6140 型卧式车床通过变换操作手柄的位置及摩擦离合器来改变主轴的旋转方向，通过变换主轴箱外的手柄

位置来实现主轴的变速。

主运动和进给运动由同一台电动机带动并通过各自的变速箱调节主轴转速或进给速度。

（二）电力拖动方式与控制要求

CA6140 型普通车床由三台三相笼型异步电动机拖动，即主电动机 M1、冷却电动机 M2 和刀架快速移动电动机 M3。从车削工艺要求出发，对电气控制电路的要求如下。

1）主电动机 M1：由它完成主运动和进给运动。直接起动连续运行方式，以机械方法实现反转及调速，对电动机无电气调速要求。

2）冷却电动机 M2：用以车削加工时提供切削液，避免刀具和工件温度过高。要求主轴电动机起动后冷却泵电动机才能起动，且与主轴电动机同时停车，采用直接起动、单向运行、连续工作的控制方式。

3）快速移动电动机 M3：单向点动、短时工作方式。

4）要求有局部照明和必要的电气保护与联锁。

二、CA6140 型卧式车床的电气控制电路

思考一

面对一张比较复杂的电气原理图，该从何读起呢？

根据上述控制要求设计的 CA6140 型卧式车床电气原理图如图 8-2 所示，其电路分析按主电路分析—控制电路分析—辅助电路分析—电气保护环节分析的顺序进行。

（一）主电路分析

1）电源：整机电源由断路器 QF 控制。

2）主电动机 M1，由接触器 KM1 主触点控制，直接起动、连续工作，热继电器 FR1 作过载保护。

3）冷却电动机 M2，由接触器 KM2 主触点控制，直接起动、连续工作，热继电器 FR2 作过载保护。

4）快速电动机 M3，由 KM3 的主触点控制，为单向点动、短时工作方式，因此无需热继电器 FR 保护。

（二）控制电路分析

电源：由控制变压器供电，控制电源电压分别为控制电路电压为 110V，照明电路电压为 24V 安全电压，而电源指示灯电路电压为 6V。

主电动机：$SB2^{\pm} \rightarrow KM1^{+}$（自锁）$\rightarrow M1$ 起动运行；

$\qquad\qquad SB1^{+} \rightarrow KM1^{-} \rightarrow M1$ 停车。

冷却泵电动机：$SA1$ 开 $\xrightarrow{KM1^{+}} KM2^{+} \rightarrow M2$ 起动运行；

$\qquad$ 或 $SA1$ 关 $\xrightarrow{\quad} KM2^{-} \rightarrow M2$ 停车。

$\qquad$ 或 $KM1^{-}$

快速电动机：$SB3^{+} \rightarrow KM3^{+} \rightarrow M3$ 起动运行。

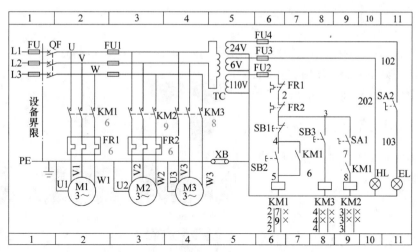

图 8-2 CA6140 型卧式车床电气控制电路

(三) 辅助电路分析

辅助电路包括电源指示电路和照明电路两部分。

电源指示：$QF^+ \to HL^+ \to$ 信号灯亮。

照明灯：SA2 开 $\to EL^+ \to$ 照明灯亮；

SA2 关 $\to EL^- \to$ 照明灯灭。

(四) 整机电路保护

1. 短路保护

由 FU 及 FU1~FU4 实现短路保护。FU 对整体电路进行短路保护，FU1 对主轴之外的其他电路短路保护，FU2 对控制电路实现短路保护，FU3 对电源指示灯电路实现短路保护，FU4 对照明电路进行短路保护。

2. 过载保护

由 FR1 与 FR2 分别实现 M1 与 M2 的过载保护（根据 M1 与 M2 额定电流分别整定），无论是主轴电动机过载还是冷却电动机过载都会切断整个控制电路。

3. 失电压、欠电压和零压保护

KM1 接触器采用复位按钮与接触器的自锁控制方式，因此主电动机 M1 与冷却电动机 M2 具有欠电压与零电压保护。

 项目实施 CA6140 型卧式车床电气控制

技能目标

1. 能正确选择车床控制需要的低压电器及电动机，有按图布线的能力。
2. 能按照安全操作规程检查电路、通电调试，有对电气控制设备的调试运行能力。
3. 会处理车床控制电路常见故障，有检修常见电气故障的能力。
4. 能按照现场 6S 管理规范实训操作，有爱国主义情怀。

一、清点器材

项目所需的实训器材包括三相异步电动机 3 台、断路器 1 个、熔断器 4 个、热继电器 2 个、接触器 3 个、按钮 5 个、万用表 1 块、工具 1 套、导线若干，如图 8-3 所示。

二、识读电路

CA6140 型卧式车床电气控制实训电路如图 8-4 所示。

三、选用电器

按图 8-5 所示选用电器，并检查电器是否完好。

1) 选用型号为 D16 的断路器，如图 8-6a 所示。

2) 检测配电盘上的 4 个熔断器是否完好。

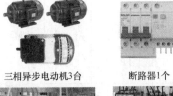

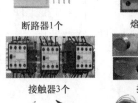

三相异步电动机3台　　断路器1个　　熔断器4个

热继电器2个　　接触器3个　　按钮5个

万用表1块　　工具1套　　导线若干

图 8-3　CA6140 型卧式车床电气控制实训器材

3) 选择 3 个接触器作为 KM1、KM2、KM3，如图 8-6b 所示，做好标记并测试其线圈和触点是否完好。

4) 选用 2 个热继电器 FR1（左）、FR2（中），如图 8-6c 所示，调整复位按钮为手动复位方式，并使绿色动作指示件在复位状态，然后测试热继电器的常闭触点是否完好。

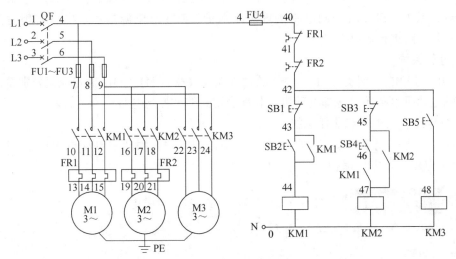

图 8-4　CA6140 型卧式车床电气控制实训电路

5) 选择不同颜色的 5 个按钮作为 SB1（红色）、SB2（绿色）、SB3（红色）、SB4（绿色）、SB5（黄色），如图 8-6d 所示，做好标记并测试其常开、常闭触点是否完好。

6) 选用的主轴电动机 M1 和快速电动机 M3 型号均为 YE2-802-4，绕组丫联结；选择的冷却电动机 M2 是 JW-6314，绕组可以进行丫-△换接，这里接成△，如图 8-6e 所示。

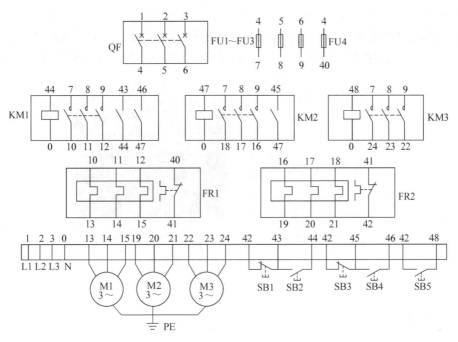

图 8-5 车床电气控制接线图

四、按图布线

1）按照图 8-4 电路，依据先主后辅、从上到下、从左到右的顺序按图布线，注意布线合理、正确，导线平直、美观，接线正确、牢固。接线时不可跨接，也不可露出裸线太长。

a) 选用断路器和熔断器

b) 选用接触器

c) 选用热继电器

d) 选用按钮

e) 选用电动机

图 8-6 选用电器

2）选用的3台电动机中，M1和M3选用的电动机只有U、V、W三根引出线，分别接三相电源即可；M2电动机是双速电动机，可以进行丫-△换接，有U1、V1、W1、U2、V2、W2共6个引出线，这里接成△，接法示意如图8-7a所示。3台电动机实际接线如图8-7b所示。

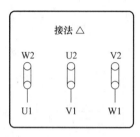

a) 电动机△联结

b) 电动机端子排接线

图 8-7　电动机接线提示

五、整定电器

接完全部电路后，开始整定热继电器，如图8-8a所示，观察热继电器正面面板右侧的绿色标记，如凸出面板则表明热继电器处于过载状态，需要按下蓝色键进行复位整定，复位后如图8-8b所示。

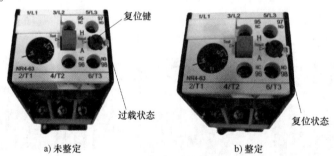

a) 未整定

b) 整定

图 8-8　整定热继电器

六、常规检查

通电试车前用万用表进行控制电路常规检查，其流程如图8-9所示。

1. 检查主电路

1）合上断路器，如图8-10所示，使用数字式万用表的二极管档或者指针式万用表的欧姆档（"×1k"档），并将红、黑表笔分别接在三根相线中的任意两根（如L1、L2两相），两相间应该是断开的，万用表显示"1."为正常；如果万用表显示为"0"，说明该两相存在短路故障，需要检查电路。

2）保持万用表两表笔位置不动，手动按下接触器KM1，KM1主触点闭合，主电路连通，如果万用表显示电动机M1绕组内阻为正常，如图8-11a所示，继续检查；如果万用表显示为"0"，说明主电路中KM1支路有短路故障，需要排除故障后重新检查。

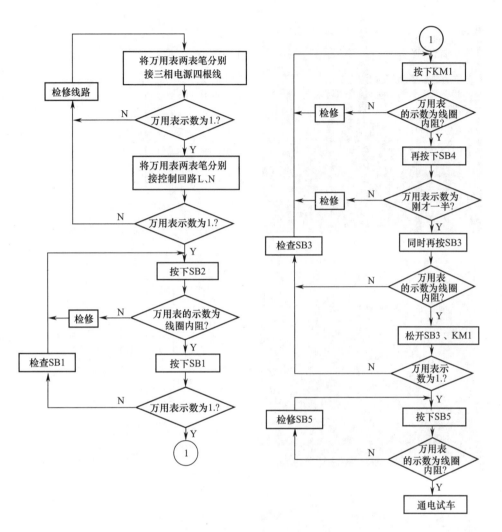

图 8-9 控制电路通电前检查流程图

图 8-10 主电路两相间电源

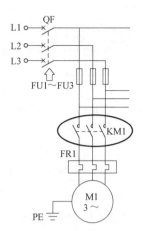

a) 手动按下KM1

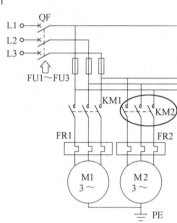

b) 手动按下KM2

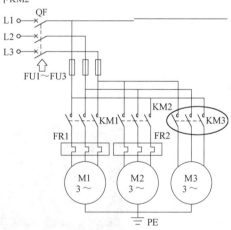

c) 手动按下KM3

图 8-11　检查主电路

　　3）保持万用表红、黑表笔分别接在 L1、L2 两相不动，松开 KM1，万用表恢复显示为 "1."，手动按下接触器 KM2，万用表显示电动机 M2 绕组内阻为正常，如图 8-11b 所示；松开 KM2，万用表恢复显示为 "1."，再手动按下接触器 KM3，万用表显示电动机 M3 绕组内阻为正常，如图 8-11c 所示，继续检查；如果万用表显示为 "0"，说明主电路 KM2 支路有短路故障，需要排除故障后重新检查。

4）同理，检查 L2、L3 两相和 L1、L3 两相，分别手动按下 KM1、KM2、KM3 时，万用表显示分别从"1."变为电动机 M1、M2、M3 绕组内阻为正常。

2. 检查控制电路电源

1）找到控制电路相线。方法是将万用表一只表笔接热继电器 FR1 的常闭触点输入端（95 端），另一表笔分别接触三根相线，万用表的示数为"0"的那相即是控制电路所用的相线。如图 8-12a 所示，万用表红色表笔所接相线即是控制电路所用的相线。

2）检查热继电器整定。找到控制电路相线后，将万用表一只表笔接控制电路相线，另一只表笔放在 FR2 的 96 端即 42 号线，万用表显示"0"为正常，说明热继电器整定正确，继续检查；否则检查 FU4、FR1、FR2 状态，以保证熔断器、热继电器状态正常。

3）检查控制电路电源。将万用表一只表笔接控制电路相线，另一表笔接中性线，电路此时应该是断的，万用表显示"1."，为正常，如图 8-12b 所示，继续检查；如果万用表指示为"0"，说明存在短路故障，需要检查电路。

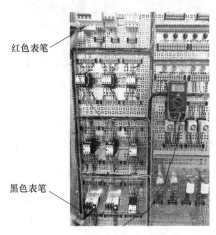

红色表笔

黑色表笔

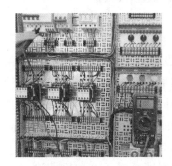

a) 找控制电路所用相线　　　b) 检查控制电路相线和中性线之间有无短路

图 8-12　检查控制电路电源

3. 检查控制电路 KM1 支路

1）保持万用表两表笔位置不动，万用表显示"1."。按下起动按钮 SB2，如果万用表显示数值等于接触器 KM1 线圈内阻（一般为 400~600Ω）为正常，如图 8-13a 所示，继续检查；如果万用表显示"1."，说明 KM1 线圈电路断路；如果万用表显示"0"，说明 KM1 线圈电路短路，需要检修电路后重新检查。

2）按住 SB2 别松，再按下 SB1，万用表显示数值从 KM1 线圈内阻变为"1."，如图 8-13b 所示，说明 KM1 电路正常，继续检查 KM1 自锁；如果依然显示 KM1 线圈内阻，说明 SB1 常闭触点接触不良或者接错线，检修后重新检查。

4. 检查 KM1 自锁

保持万用表两表笔位置不动，松开 SB1、SB2，万用表恢复显示为"1."，手动按下接触器 KM1，接触器辅助常开触点闭合，如果万用表显示数值等于接触器 KM1 线圈内阻（一般为 400~600Ω）为正常，如图 8-14a 所示，再按下 SB1，万用表重新显示"1."，如图 8-14b 所示，说明

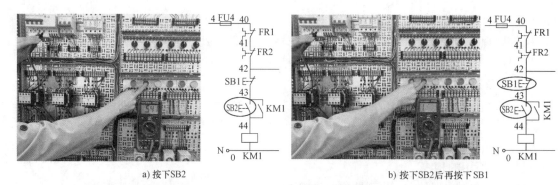

a) 按下SB2   b) 按下SB2后再按下SB1

图 8-13 检查控制电路 KM1 支路

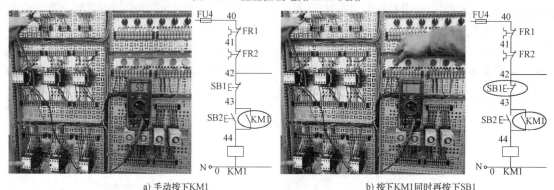

a) 手动按下KM1   b) 按下KM1同时再按下SB1

图 8-14 检查 KM1 自锁

KM1 自锁接的没有问题，继续检查 KM2 支路；否则返回检修 KM1 自锁两条线。

5. 检查控制电路 KM2 支路

1）将万用表一只表笔接控制电路相线，另一表笔接中性线，万用表显示 "1."。用手压下 KM1，如图 8-15a 所示，万用表显示接触器 KM1 线圈内阻为正常；同时再按下 SB4，KM2 线圈支路接通，万用表显示接触器 KM1 与 KM2 线圈内阻的并联阻值（如果 KM1 和 KM2 两接触器型号一样，该数值理论上近似为刚才一半）为正常，如图 8-15b 所示，可以继续检查；否则检修电路后重新检查。

2）KM1 和 SB4 都保持按下不动，再按下 SB3，万用表显示数值重新为 KM1 线圈内阻，如图 8-15c 所示，说明电路正常，继续检查 KM2 自锁两条线；否则检查 SB3 按钮是否接错，返回重新检查。

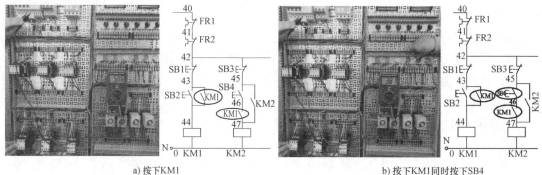

a) 按下KM1   b) 按下KM1同时再按下SB4

图 8-15 检查控制电路 KM2 支路

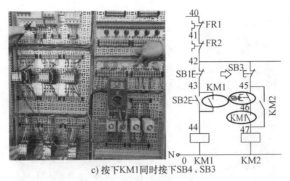

c) 按下KM1同时按下SB4、SB3

图 8-15　检查控制电路 KM2 支路（续）

3）将万用表一只表笔接控制电路相线，另一表笔接中性线，万用表显示"1."，手动按下接触器 KM2，接触器辅助常开触点闭合，如果万用表显示数值等于接触器 KM2 线圈内阻（一般为 400~600Ω）为正常，如图 8-16a 所示。保持 KM2 按下不动，再按下 SB3，万用表重新显示"1."，如图 8-16b 所示，说明 KM2 自锁接的没有问题，继续检查 KM3 支路；否则检修 KM2 自锁两条线。

6. 检查控制电路 KM3 支路

将万用表一只表笔接控制电路相线，另一表笔接中性线，万用表显示"1."，此时按下 SB5，万用表显示接触器 KM3 线圈内阻为正常，如图 8-17 所示，松开 SB5 万用表显示"1."，说明 KM3 支路也正常，可以申请通电试车；否则检查 SB5 和 KM3 电器是否接触不良，接线是否正确。

七、通电试车

在指导教师监护下通电试车，并按指定顺序操作。如发现电器动作异常、电动机不能正常运转时，必须马上停车，断电后再进行检修，不允许带电检查。

八、清理工位

调试成功后，停车，关闭电源，经指导教师同意后，拆线并维护实训设备及元件，清点工具，清理工作台位，去掉配电盘上的标记。

a) 按下KM2

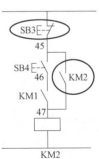

b) 按下KM2同时按下SB3

图 8-16　检查 KM2 自锁

图 8-17　检查控制电路 KM3 支路

九、完成报告

完成项目实训报告。

知识拓展

提升爱国主义情怀

　　爱国主义是人们对祖国的忠诚和热爱，是对祖国的一种深厚感情，是中华民族的光荣传统。爱国主义作为中华民族的精神支柱和精神财富，是一个常论常需、常论常新的重要话题，是不断推动我国社会进步和发展的重要力量。大学生要正确认识世界，全面了解国情，把握时代大势。同时，还要了解我国在专业技术领域所面临的困境，增强爱国热情和职业责任感。

　　在进行 CA6140 型卧式车床电气控制实训时，同学们要了解现阶段我国机床电气控制领域技术的发展状况，增强对新技术、新发展的学习乐趣，提高对所学专业的认同感和自信心。明确大学生作为祖国未来的希望，需要具备过硬的本领，提升自身素质，担当起时代使命，才能为国家贡献更多力量。

思考二

　　这个实训电路通电试车后经常会出现哪些故障呢？又需要怎样排除呢？

 常见故障现象与检修方法

　　通电试车过程中，不管出现什么故障现象，必须关闭断路器，切断电源后进行电路分析和检修，必要时可以请指导教师协助检修。

　　CA6140 型卧式车床电气控制常见的故障现象与检修方法见表 8-1。

表 8-1　CA6140 型卧式车床电气控制常见故障现象与检修方法

序号	故障现象	检修方法
1	通电试车前检查电路不通	①检查断路器 QF 是否闭合，熔断器熔体状态，热继电器是否复位以及热继电器常闭触点是否接触不良 ②用分段电阻法逐段检查各电路
2	按下起动按钮 SB2 后，KM1 不工作	①教师用万用表 AC500V 档检查实验台电源插座是否有电、电压值是否正常 ②断电，检查各电器状态 ③用分段电阻法检查电路
3	按下起动按钮 SB2 后，KM1 工作，但是不能自锁	检查 KM1 辅助常开自锁触点进出线，即 43 和 44 号线是否接错
4	M1 起动后，按下 SB4，KM2 不工作	①检查 SB3 进线 42 号线是否接错，注意 42 号线比较容易接错 ②检查按钮 SB4 常开触点进出线 45、46 号线 ③检查 KM1 联锁常开触点两条线 46、47 号线 ④检查 KM2 线圈进出线 47 和 0 号线
5	M1 不能停车	检查按钮 SB1 两条线，即 42 号线和 43 号线是否接错位置
6	M1 起动按下 SB4 后，KM2 能工作，但不能自锁	检查 KM2 自锁常开触点进出线 45、47 号线，尤其是 47 号线容易，建议不接到 KM1 联锁触点端，而接到 KM2 线圈进线端，这是一种不容易出错的接法
7	M2 能直接起动	KM1 联锁常开触点接错或者接触有问题，即检查 46、47 号线
8	按下起动按钮 SB5 后，KM3 不工作	检查点动按钮 SB5 是否接触不良，进出线（42、48 号线）是否接错，尤其是 42 号线要重点检查
9	起动后，接触器动作，但电动机不动或者嗡嗡响，转动不流畅	检查是否有缺相问题存在

 项 目 评 价

项目评价见表 8-2。

表 8-2　CA6140 型卧式车床电气控制考核要求及评分标准

考核内容	考核要求	配分	评分标准	扣分	自评	小组评	教师评
选用电器	检查电器好坏 正确选用电器 元件明细表填写正确	10 分	电气元件漏检每处扣 2 分；选用电器不准确扣 5 分；每错一处扣 0.5 分				
接线	布线合理、正确线号齐全	45 分	每一处不合格扣 1 分				
	导线平直、美观，不交叉，不跨接		布线不美观、导线不平直、交叉架空跨接每处扣 1 分				
	接线正确、牢固		裸露导线过长或者接点压接不紧，每处扣 1 分				
试车	热继电器未整定或整定错误	30 分	电器未整定或整定错误扣 4 分				
	操作顺序正确		操作不正确扣 2 分				
	通电试车成功		通电试车 1 次不成功扣 10 分，3 次不成功本项不得分				

（续）

考核内容	考核要求	配分	评分标准	扣分	自评	小组评	教师评
文明操作	工作台面清洁、工具摆放整齐	10分	凡违反有关规定,酌情扣2~4分,但对发生严重事故者,取消实训资格				
时间	3h 按时完成	5分	每超时5min酌情扣3~5分				
总分		100分					

 技术升级 PLC 控制的车床电气控制

一、I/O 口分配

这里使用的 PLC 是西门子公司 S7-200,该 PLC 有 14 个输入点,10 个输出点。

图 8-4 所示的 CA6140 型卧式车床电气控制电路中,控制按钮有 5 个,即主电动机起动按钮 SB2、主电动机停车按钮 SB1、冷却电动机起动按钮 SB4、冷却电动机停车按钮 SB3 和快速进给电动机起动按钮 SB5,占用 5 个 PLC 输入点。控制 3 个电动机的接触器 KM1、KM2、KM3,占用 3 个 PLC 输出点。具体端口分配见表 8-3。

表 8-3　I/O 口分配

序号	状态	名称	作用	I/O 口
1	输入	按钮 SB1	控制 KM1 停车	I0.0
2	输入	按钮 SB2	控制 KM1 工作	I0.1
3	输入	按钮 SB3	控制 KM2 停车	I0.2
4	输入	按钮 SB4	控制 KM2 工作	I0.3
5	输入	按钮 SB5	控制 KM3 工作	I0.4
6	输出	接触器 KM1	控制主电动机 M1	Q0.0
7	输出	接触器 KM2	控制冷却电动机 M2	Q0.1
8	输出	接触器 KM3	控制快速电动机 M3	Q0.2

二、电路改造

PLC 控制的车床电气控制电路如图 8-18 所示。

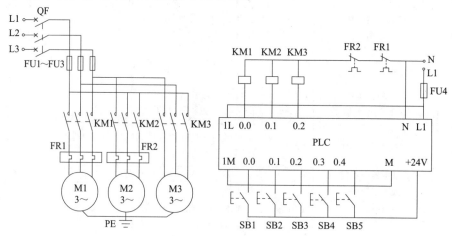

图 8-18　PLC 控制的车床电气控制电路图

三、梯形图设计

车床电气控制程序梯形图如图 8-19 所示。

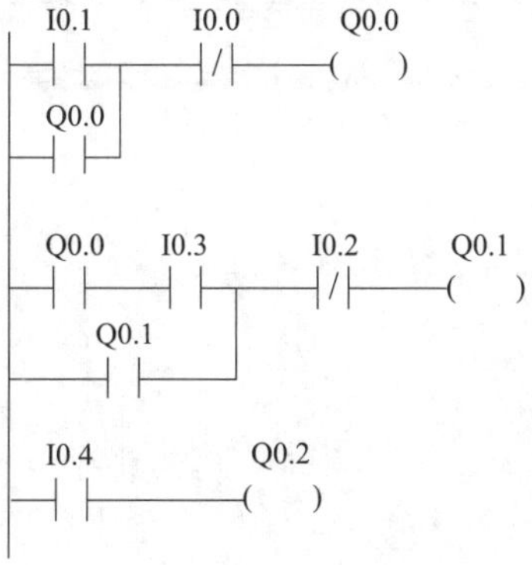

图 8-19　车床电气控制程序梯形图

项目总结

1）CA6140 型卧式车床属小型普通车床，车削加工时，主运动是主轴卡盘带动工件的旋转运动，进给运动是溜板刀架或尾架顶针带动刀具的直线运动，辅助运动是刀架的快速移动及工件的夹紧和放松。

2）主电动机 M1 完成主运动和进给运动。采用直接起动连续运行方式，以机械方法实现反转及调速，对电动机无电气调速要求。

3）冷却电动机 M2 用以车削加工时提供切削液，避免刀具和工件温度过高。要求主轴电动机起动后冷却泵电动机才能起动，且与主轴电动机同时停车，采用直接起动、单向运行、连续工作的控制方式。采用将主轴电动机控制接触器 KM1 的辅助常开触点串接在冷却电动机控制接触器 KM2 线圈的控制电路中来实现联锁控制。

4）快速移动电动机 M3 单向点动、短时工作方式。

项目评测

项目评测内容请扫描二维码。

项目9 两级电动机顺序起动控制

 项目描述

某机床要求第一台电动机起动之后，第二台电动机才能起动，要怎样实现呢？

 项目目标

1. 能描述 T68 型卧式镗床的运动形式和电力拖动要求。

2. 能识读 T68 型卧式镗床控制电路，能分析联锁控制和电气保护，有综合分析问题的能力。

3. 掌握联锁的方法，具有对新知识、新技能的学习能力和创新能力。

4. 能按图布线、检查电路、通电试车，会处理两级电动机顺序起动控制过程中的常见故障。

5. 能按现场 6S 管理标准完成实训操作，有团队协作能力，有集体荣誉感。

 知识准备

一、了解 T68 型卧式镗床电力拖动方式与控制要求

镗床主要用于加工精确的孔和各孔间相互位置要求较高的零件，主要类型有卧式镗床、坐标镗床、金钢镗床和专用镗床等，其中卧式镗床的应用最广。

图 9-1　T68 型卧式镗床型号含义

T68 型卧式镗床是镗床中应用较广的一种，主要用于钻孔、镗孔、铰孔及加工端平面等，增加一些附件后，还可以车削螺纹。T68 型卧式镗床型号含义如图 9-1 所示。

（一）主要结构和运动形式

T68 型卧式镗床的结构主要由床身、前立柱、镗头架、工作台、后立柱和尾座等部分组成。

T68 型卧式镗床的运动形式有以下三种。

1）主运动：镗轴与花盘的旋转运动。

2）进给运动：镗轴的轴向进给、花盘上刀具溜板的径向进给、镗头架的垂直进给、工作台的横向和纵向进给。

3）辅助运动：工作台的旋转、后立柱的水平移动、尾座随同镗头架的垂直升降及各部

分的快速移动。

（二）电力拖动方式和控制要求

T68 型卧式镗床的主运动与进给运动由同一台双速电动机 M1 拖动，各方向的运动通过相应手柄选择各自的传动链来实现。各方向的辅助运动由另一台电动机 M2 拖动。电气控制要求介绍如下。

1）主电动机 M1 完成进给运动和主轴及花盘的旋转。为了适应各种工件的加工工艺要求，主轴旋转和进给都应有较宽的调速范围。本机床采用双速笼型异步电动机作为主拖动电动机。

2）由于进给运动有几个方向（主轴轴向、花盘径向、主轴垂直方向、工作台横向、工作台纵向），所以要求主电动机 M1 能正反转，且能点动，并有高低两种速度供选择。高速运转应先经低速起动，各方向的进给应有联锁。主轴电动机要有制动，本机床采用电磁铁带动的机械制动装置进行制动。

3）各进给方向均能快速移动，本机床采用一台快速电动机拖动，正、反两个方向都能短时点动。

二、分析 T68 型卧式镗床控制电路

T68 型卧式镗床电气原理图如图 9-2 所示。

（一）主电路分析

主电路中有两台电动机，主拖动电动机 M1 及快速移动电动机 M2。整机电源由断路器 QF 控制。

1）由 KM1 的主触点控制主电动机 M1 正转，KM2 的主触点控制其反转，KM3 的主触点控制其低速运转，KM4、KM5 的主触点控制其高速运转。YB 为主轴制动电磁铁的线圈，由 KM3 或 KM5 的辅助常开触点控制。热继电器 FR 用来对 M1 进行过载保护。

2）由 KM6 的主触点控制快速移动电动机 M2 正转，KM7 的主触点控制其反转。M2 为短时点动，所以不需过载保护。

（二）控制电路分析

T68 型卧式镗床采用电磁操作的机械制动装置，主电路中的 YB 为制动电磁铁的线圈。当 YB 线圈通电吸合时，电动机轴上的制动轮松开，电动机即自由起动；YB 断电时，在强力弹簧作用下，杠杆将制动带紧箍在制动轮上，电动机迅速停转。

下面按照电动机的控制功能逐段分析。

1. 主轴电动机点动控制

主轴点动时变速手柄位于低速位置（SQ1⁻），总开关闭合（QF⁺）。

正向点动：SB4⁺→KM1⁺→KM3⁺→YB⁺→M1 正向点动；

反向点动：SB5⁺→KM2⁺→KM3⁺→YB⁺→M1 反向点动。

当点动按钮 SB4 或者 SB5 松开时，KM1 或 KM2 线圈失电导致 KM3 线圈失电，制动电磁阀线圈 YB 断电抱闸，使电动机迅速停车。

2. 主轴电动机连续控制

1）低速起动控制：将变速手柄扳在低速位置（SQ1⁻）。

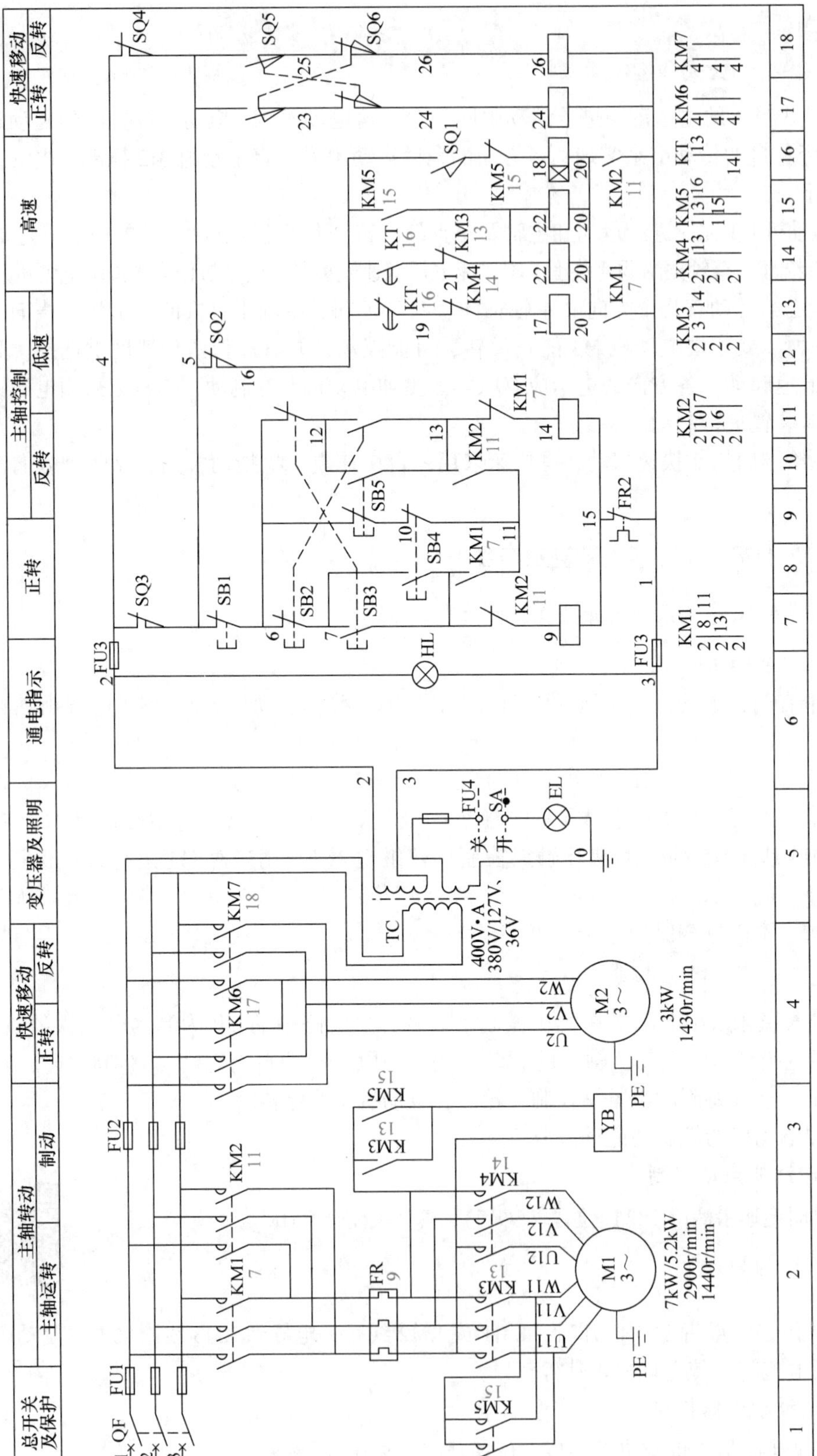

图 9-2　T68 型卧式镗床电气原理图

正向运行：$SB3^{\pm} \rightarrow$ $\genfrac{}{}{0pt}{}{KM2^-}{KM1^+（自锁）}$ $\rightarrow KM3^+ \rightarrow YB^+ \rightarrow M1$ 低速正向起动；

反向运行：$SB2^{\pm} \rightarrow$ $\genfrac{}{}{0pt}{}{KM1^-}{KM2^+（自锁）}$ $\rightarrow KM3^+ \rightarrow YB^+ \rightarrow M1$ 低速反向起动；

停车：$SB1^+ \rightarrow KM1^-$（或 $KM2^-$）$\rightarrow KM3^- \rightarrow YB^- \rightarrow$ 电动机迅速停车。

2）高速起动控制：将变速手柄放在高速位置（$SQ1^+$）。

正向运行：$SB3^{\pm} \rightarrow$ $\genfrac{}{}{0pt}{}{KM2^-}{KM1^+（自锁）}$ $\rightarrow$ $\genfrac{}{}{0pt}{}{KM3^+}{KT^+}$ $\rightarrow YB^+ \rightarrow M1$ 低速正向起动 $\rightarrow$

$\xrightarrow{\text{延时时间到}} KM3^- \rightarrow$ $\genfrac{}{}{0pt}{}{KM4^+}{KM5^+（自锁）}$ $\rightarrow KT^- \rightarrow M1$ 高速正向运行；

反向运行：$SB2^{\pm} \rightarrow$ $\genfrac{}{}{0pt}{}{KM1^-}{KM2^+（自锁）}$ $\rightarrow$ $\genfrac{}{}{0pt}{}{KM3^+}{KT^+}$ $\rightarrow YB^+ \rightarrow M1$ 低速反向起动 $\rightarrow$

$\xrightarrow{\text{延时时间到}} KM3^- \rightarrow$ $\genfrac{}{}{0pt}{}{KM4^+}{KM5^+（自锁）}$ $\rightarrow KT^- \rightarrow M1$ 高速反向运行；

停车：$SB1^+ \rightarrow KM1^-$（或 $KM2^-$）$\rightarrow$ $\genfrac{}{}{0pt}{}{KM4^-}{KM5^-}$ $\rightarrow YB^- \rightarrow$ 电动机迅速停车。

3. 快速移动电动机 M2 的控制

机床各移动部分都可快速移动，用一台快速移动电动机 M2 单独拖动，通过不同的齿轮齿条、丝杠的连接来完成各方向的快速移动，这些均由快速移动操作手柄来控制。

正向快速移动：$SQ6^+ \rightarrow KM6^+ \rightarrow M2$ 正向快移；

反向快速移动：$SQ5^+ \rightarrow KM7^+ \rightarrow M2$ 反向快移。

4. 主轴变速和进给变速控制

主轴变速和进给变速可以在电动机 M1 运转时进行。当主轴变速手柄或进给变速手柄拉出时，限位开关 SQ2 被压下分断，接触器 KM3、KM4、KM5 与 YB 都断电而使主电动机 M1 迅速停转。当主轴转速选择好以后，推回调速手柄，SQ2 恢复到变速前的接通状态，电动机 M1 便自动低速起动运行。

当变速手柄推不上时，可来回推动几次，使手柄通过弹簧装置作用于限位开关 SQ2，SQ2 便反复断开接通几次，使电动机 M1 产生低速冲动，带动齿轮组冲动，便于齿轮啮合。

（三）辅助电路分析

辅助电路包括电源指示灯电路和照明电路，由控制变压器 TC 提供 127V 控制电源及 36V 照明电源。

电源指示：$QS^+ \rightarrow HL^+ \rightarrow$ 电源指示灯亮；

照明电路：$SA^+ \rightarrow EL^+ \rightarrow$ 照明灯亮。

（四）联锁、保护环节分析

思考一

T68 型卧式镗床进给运动之间的联锁保护是怎么实现的呢？

1. 主轴箱和工作台与主轴电动机的进给联锁

限位开关 SQ4 有一机构与工作台及主轴箱进给操作手柄相连，限位开关 SQ3 也有一机构与主轴及花盘进给操作手柄相连。当以上两个操作手柄中任何一个扳到"进给"位置时，SQ3、SQ4 中只有一个常闭触点断开，电动机 M1、M2 都可以起动，实现自动进给。若两个操作手柄同时扳到"进给"位置时，SQ3、SQ4 常闭触点都断开，控制电路断电，电动机 M1、M2 无法起动，这就避免了因误操作而造成的事故。

2. 其他联锁环节

KM1 和 KM2 辅助常闭触点实现主电动机 M1 正反转互锁，KM3 和 KM4 辅助常闭触点实现高低速控制互锁，SQ5 和 SQ6 常闭触点实现快速电动机 M2 正反转互锁，以防止误操作而造成事故。

3. 保护环节

熔断器 FU1 对全部电路进行短路保护，FU2 对主电动机 M1 之外的其他电路进行短路保护，FU3 对控制电路进行短路保护，FU4 对局部照明电路进行短路保护。

FR 对主电动机 M1 进行过载保护。

同时因控制电路采用复位按钮与接触器自锁控制，具有失电压和零电压保护的功能。

 项目实施 两级电动机顺序起动控制

> 技能目标
>
> 1. 能合理实现对两级电动机顺序起动的控制，具有分析问题、解决问题的能力。
> 2. 能在规定时间内完成两级顺序起动控制电路的连接，具有按图布线和电路检查的能力。
> 3. 会处理两级电动机顺序起动控制过程中常见故障，具有故障维修能力。
> 4. 按照 6S 管理标准规范操作，具备良好的职业素养，有团队协作精神。

一、清点器材

项目所需的实训器材包括三相异步电动机 2 台、断路器 1 个、熔断器 4 个、热继电器 2 个、接触器 2 个、按钮 3 个、万用表 1 块、工具 1 套、导线若干，如图 9-3 所示。

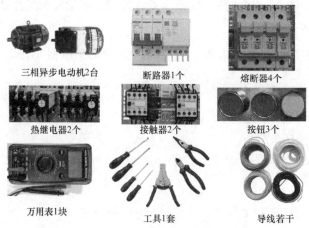

图 9-3　两级电动机顺序起动控制实训器材

二、识读电路

两级电动机顺序起动控制实训电路如图9-4所示。

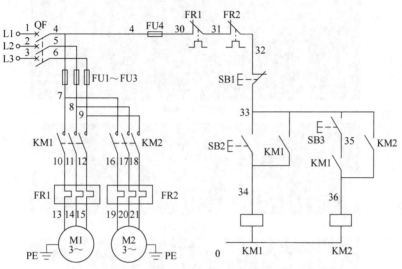

图 9-4 两级电动机顺序起动控制实训电路

三、选用电器

按图 9-5 准备电器，检查电器是否完好。

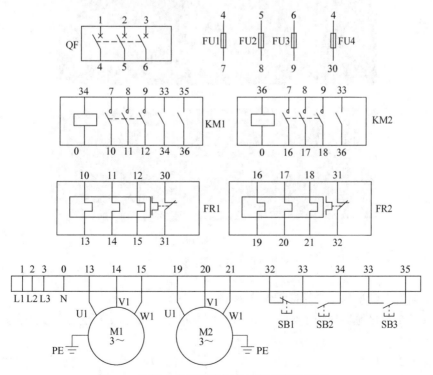

图 9-5 两级电动机顺序起动控制实训接线图

1）选用型号为 D16 的断路器，如图 9-6a 所示。

a) 选用断路器和熔断器

b) 选用接触器

c) 选用热继电器

d) 选用按钮

e) 选用电动机

图 9-6 选用电器

2）检测配电盘上的 4 个熔断器是否完好。

3）选择 2 个接触器作为 KM1、KM2，如图 9-6b 所示，做好标记并测试其线圈和触点是否完好。

4）选用 2 个热继电器 FR1、FR2（左、中），如图 9-6c 所示，调整复位按钮为手动复位方式，并使绿色动作指示件在复位状态，然后测试热继电器的常闭触点是否完好。

5）选择不同颜色的 3 个按钮作为 SB1（红色）、SB2（绿色）、SB3（黄色），如图 9-6d 所示，做好标记并测试其常开、常闭触点是否完好。

6）主轴电动机 M1 选用型号为 YE2-802-4 的电动机（左），绕组丫联结；快速移动电动机 M2 选用型号为 JW-6314 的电动机（右），绕组可以丫-△换接，这里接成△，如图 9-6e 所示。

四、按图布线

1）依据先主后辅、从上到下、从左到右的顺序接线，注意布线合理、正确，导线平直、美观，接线正确、牢固。接线时不可跨接，也不可露出裸线太长。

2）选用的两台电动机中，M1 选用的电动机只有 U、V、W 三个引出线，分别接三相电源即可；M2 电动机是双速电动机，可以丫-△换接，有 U1、V1、W1、U2、V2、W2 共 6 个引出线，这里接成△，接法示意如图 9-7a 所示。两台电动机实际接线如图 9-7b 所示。

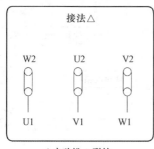
a）电动机△联结

b）电动机端子排接线

图 9-7 电动机接线提示

五、整定电器

接完全部电路后，开始整定热继电器，观察热继电器正面面板右侧的绿色标记，如凸出面板则表明热继电器处于过载状态，如图 9-8a 所示，需要按下蓝色键进行复位整定，如图 9-8b 所示。

六、常规检查

通电试车前用万用表进行控制电路常规检查，其流程如图 9-9 所示，经指导教师允许后方可接通电源。通电试车前检查步骤如下。

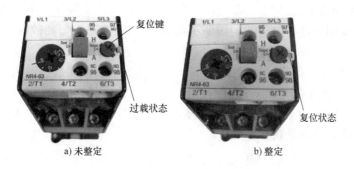
a）未整定   b）整定

图 9-8 整定热继电器

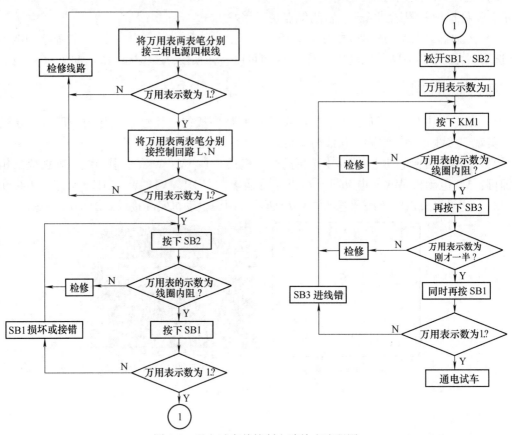

图 9-9　通电试车前控制电路检查流程图

1. 检查主电路

1）合上断路器，如图 9-10a 所示，使用数字式万用表的二极管档或者指针式万用表的欧姆档（"×1k"档），并将红、黑表笔分别接在三根相线中的任意两根（如 L1、L2 两相），两相间应该是断开的，万用表显示 "1." 为正常；如果万用表显示为 "0"，说明该两相存在短路故障，需要检查电路。

2）保持万用表两表笔位置不动，手动按下接触器 KM1，KM1 主触点闭合，主电路连通，万用表显示电动机 M1 绕组内阻，如图 9-10b 所示，说明正常，继续检查；如果万用表显示为 "0"，说明主电路中 KM1 支路有短路故障，需要检查排除故障后重新检查。

3）保持万用表红、黑表笔分别接在 L1、L2 两相不动，万用表显示为 "1."，手动按下接触器 KM2，KM2 主触点闭合，主电路连通，万用表显示电动机 M2 绕组内阻，如图 9-10c 所示，说明正常，继续检查；如果万用表显示为 "0"，说明主电路中 KM2 支路有短路故障，需要检查排除故障后重新检查。

4）同理，检查 L2、L3 两相和 L1、L3 两相，分别手动按下 KM1、KM2，万用表显示分别从 "1." 变为电动机 M1、M2 绕组内阻为正常。

a) 检查L1、L2两相间电阻

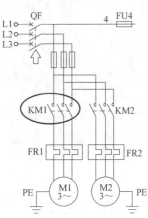

b) 手动按下KM1

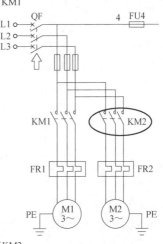

c) 手动按下KM2

图9-10 检查主电路

2. 检查控制电路电源

1）找到控制电路相线。方法是将万用表一只表笔接热继电器 FR1 常闭触点的输入端（95 端），另一表笔分别接触电源三根相线，万用表的示数为"0"的那相即是控制电路所用的相线。如图 9-11 所示，万用表红色表笔所接相线即是控制电路所用的相线。

2）检查热继电器整定。找到控制电路相线后，将万用表一只表笔放在控制电路相线，另一只表笔放在 FR2 常闭触点的输出端（96 端）即 32 号线，万用表显示"0"为正常，说明热继电器整定正确，继续检查；否则检查 FU4、FR1、FR2 状态，以保证熔断器、热继电器状态正常。

3）检查控制电路电源。将万用表一只表笔接控制电路相线，另一表笔接中性线，电路此时应该是断的，万用表显示"1."为正常，如图 9-12 所示，继续检查；如果万用表指示为"0"，说明存在短路故障，需要检查电路。

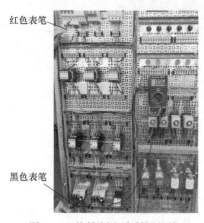
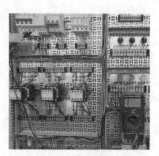

图 9-11　找控制电路所用相线　　　　图 9-12　检查控制电路相线和零线之间有无短路

3. 检查控制电路 KM1 支路

1）保持万用表两表笔位置不动，万用表显示"1."。按下起动按钮 SB2，如果万用表显示数值等于接触器 KM1 线圈内阻（一般为 $400 \sim 600\Omega$）为正常，如图 9-13a 所示，继续检查；如果万用表显示"1."，说明 KM1 线圈电路断路；如果万用表显示"0"，说明 KM1 线圈电路短路，需要检修电路后重新检查。

2）按住 SB2 别松，再按下 SB1，万用表显示数值从 KM1 线圈内阻变为"1."，如图 9-13b 所示，说明 KM1 电路没有问题，继续检查 KM1 自锁；如果依然显示线圈内阻，说明 SB1 常闭触点接触不良或者接错线，检修后重新检查。

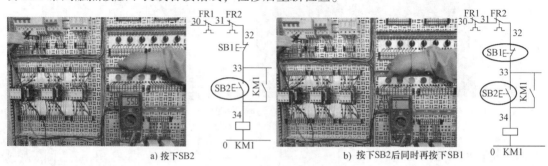

a) 按下SB2　　　　　　　　　　　　b) 按下SB2后同时再按下SB1

图 9-13　检查 KM1 支路

4. 检查 KM1 自锁

保持万用表两表笔位置不动，松开 SB1、SB2，万用表恢复显示为"1."，手动按下接触器 KM1，接触器辅助常开触点闭合，万用表显示数值等于接触器 KM1 线圈内阻（一般为 400~600Ω）为正常，如图 9-14a 所示，再按下 SB1，万用表重新显示 "1."，如图 9-14b 所示，说明 KM1 自锁接的没有问题，继续检查 KM2 支路；否则返回检修 KM1 自锁两条线。

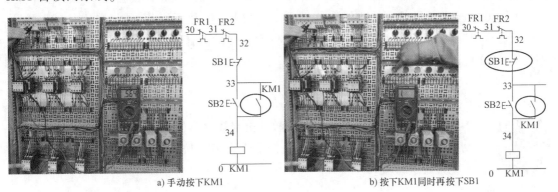

图 9-14　检查 KM1 自锁

5. 检查控制电路 KM2 支路

1）将万用表一只表笔接控制电路相线，另一表笔接中性线，万用表显示 "1."。用手压下接触器 KM1，万用表显示接触器 KM1 线圈内阻为正常，如图 9-15a 所示，同时再按下 SB3，KM2 线圈支路接通，万用表显示接触器 KM1 与 KM2 线圈内阻的并联值（如果 KM1 和 KM2 两接触器型号一样，该数值理论上近似为刚才一半）为正常，如图 9-15b 所示，可以继续检查；否则检修电路后重新检查。

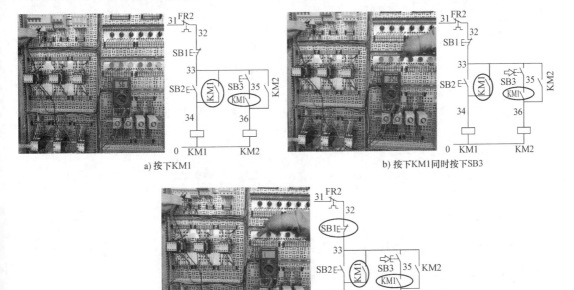

图 9-15　检查控制电路 KM2 支路

2）KM1 和 SB3 都保持按下不动，再按下 SB1，万用表显示数 "1." 为正常，如 9-15c 所示，继续检查 KM2 自锁；否则检查 SB3 按钮是否接错，返回重新检查。

3）将万用表一只表笔接控制电路相线，另一表笔接中性线，万用表显示 "1."，手动按下接触器 KM2，接触器辅助常开触点闭合，万用表显示数值等于接触器 KM2 线圈内阻（一般为 $400\sim600\Omega$）为正常，如图 9-16a 所示。保持 KM2 按下不动，同时按下 SB1，万用表重新显示 "1."，如图 9-16b 所示，说明 KM2 自锁接的没有问题，可以申请通电试车；否则检修 KM2 自锁两条线。

七、通电试车

　　在教师监护下通电试车。按教师指定顺序操作，如发现电器动作异常、电动机不能正常运转时，必须马上按下停车控制按钮 SB1，断电后再进行检修，不允许带电检查。

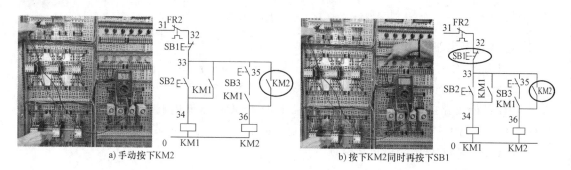

a) 手动按下 KM2　　　　　　　　　　b) 按下 KM2 同时再按下 SB1

图 9-16　检查 KM2 自锁

> **温馨提示**
>
> **遵守安全操作规程**
> 　操作顺序：第一台电动机起动控制按钮为 SB2，停车控制按钮为 SB1。第二台电动机起动控制顺序为先按下 SB2，再按下 SB3，停车控制直接按下 SB1 即可。

八、清理工位

调试成功后，停车，关闭电源，经指导教师同意后，拆线并维护实训设备及元件，清理工作台位，清点工具，去掉配电盘上的标记。

九、完成报告

完成项目实训报告。

知识拓展

有包容精神和集体荣誉感，提升团队协作能力

　　包容精神是指能够容忍他人的不同观点和缺点，在面对他人的攻击时，有大局观，能够理智对待。集体荣誉感是一种热爱集体，关心集体，自觉地为集体尽义务、做贡献、争荣誉的道德情感。

　　两级电动机顺序起动控制实训项目是分成学习小组进行的，需要组内同学分工合作才能共同完成。由于同学们来自不同家庭，个性差异大，学习及生活习惯和习性迥异，这就需要组内同学之间心怀包容，相互理解，求大同存小异。只有彼此之间学会沟通协调、对人尊重、融洽相处，才能培养出齐心协力、共同进退的协作精神，才能共同维护小组的集体荣誉，才能高效、快捷地完成实训任务。

思考二

　　这个实训电路通电试车后经常会出现哪些故障呢？又需要怎样排除呢？

▶ 常见故障现象与检修方法

　　通电试车过程中，不管出现什么故障现象，必须关闭断路器，切断电源后进行电路分析和检修，必要时可以请指导教师协助检修。

　　两级电动机顺序起动控制常见故障现象与检修方法见表 9-1。

表 9-1　两级电动机顺序起动控制常见故障现象与检修方法

序号	故障现象	检修方法
1	通电试车前检查电路不通	①检查断路器 QF 是否闭合，熔断器熔体状态，热继电器是否复位，热继电器常闭触点是否接触不良 ②用分段电阻法逐段检查各电路
2	按下起动按钮 SB2 后，KM1 不工作	①教师用万用表 AC500V 档检查实验台电源插座是否有电、电压值是否正常 ②断电，检查电器状态 ③用分段电阻法检查电路
3	按下起动按钮 SB2 后，KM1 工作，但是不能自锁	检查 KM1 辅助常开自锁触点进出线，即 33 和 34 号线是否接错
4	M1 起动后，按下 SB3，KM2 不工作	①检查 SB3 进出线 33 和 35 号线是否接错，33 号线比较容易接错 ②检查 KM1 联锁常开触点两条线 35、36 号线 ③检查 KM2 线圈进出线 36 和 0 号线
5	M1 起动后，按下 SB3，KM2 能工作，不能自锁	检查 KM2 自锁常开触点进出线 33、36 号线
6	M1、M2 不能停车	①检查连接按钮 SB1 两条线，即 32 号线和 33 号线是否接错位置 ②检查 SB1 常闭触点是否接触不良
7	M2 能直接起动	KM1 联锁常开触点接错或者接触有问题，即检查 35、36 号线
8	起动后，接触器动作，但电动机不动或者嗡嗡响，转动不流畅	检查是否存在缺相问题

项目评价

项目评价见表 9-2。

表 9-2　两级电动机顺序起动考核要求及评分标准

考核内容	考核要求	配分	评分标准	扣分	自评	小组评	教师评
选用电器	检查电器好坏 正确选用电器 元件明细表填写正确	10 分	电气元件漏检每处扣 2 分； 选用电器不准确扣 5 分；每错 1 处扣 0.5 分				
接线	布线合理、正确线号齐全	45 分	每 1 处不合格扣 1 分				
	导线平直、美观， 不交叉，不跨接		布线不美观、导线不平直、 交叉架空跨接每处扣 1 分				
	接线正确、牢固		裸露导线过长或者接点压 接不紧，每处扣 1 分				
试车	热继电器未整定 或整定错误	30 分	扣 4 分				
	操作顺序正确		操作不正确 1 次扣 2 分				
	通电试车成功		1 次不成功扣 10 分，3 次不 成功本项不得分				
文明操作	工作台面清洁、 工具摆放整齐	10 分	凡违反有关规定，酌情扣 2~4 分，但对发生严重事故 者，则取消实训资格				
时间	3h 按时完成	5 分	每超时 5min 酌情扣 3~5 分				
总分		100 分					

 技术升级　　PLC 控制的两级电动机顺序起动

一、I/O 口分配

这里使用的 PLC 是西门子公司 S7-200，该 PLC 有 14 个输入点，10 个输出点。

图 9-3 所示两级电动机顺序起动控制电路中有 3 个控制按钮，即第一台电动机起动按钮 SB2、第二台电动机起动按钮 SB3、停车按钮 SB1，占用 3 个 PLC 输入点。控制两台电动机的接触器 KM1、KM2，占用 2 个 PLC 输出点。具体端口分配见表 9-3。

表 9-3　I/O 口分配

序号	状态	名称	作用	I/O 口
1	输入	按钮 SB1	控制电动机停车	I0.0
2	输入	按钮 SB2	控制 KM1 工作	I0.1
3	输入	按钮 SB3	控制 KM2 工作	I0.2
4	输出	接触器 KM1	控制第一台电动机 M1	Q0.0
5	输出	接触器 KM2	控制第二台电动机 M2	Q0.1

二、电路改造

PLC 控制的两级电动机顺序起动控制电路如图 9-17 所示。

三、梯形图设计

两级电动机顺序起动控制程序梯形图如图 9-18 所示。

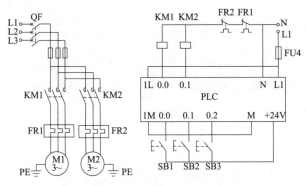

图 9-17 PLC 控制的两级电动机顺序起动控制电路

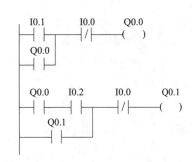

图 9-18 两级电动机顺序
起动控制程序梯形图

 项目总结

1）T68 型卧式镗床的运动形式有三种：主运动——镗轴与花盘的旋转运动；进给运动——镗轴的轴向进给、花盘上刀具溜板的径向进给、镗头架的垂直进给、工作台的横向和纵向进给；辅助运动——工作台的旋转、后立柱的水平移动、尾座随同镗头架的垂直升降及各部分的快速移动。

2）主电动机 M1 完成进给运动和主轴及花盘的旋转。采用双速笼型异步电动机作为主拖动电动机。

3）进给运动有几个方向（主轴轴向、花盘径向、主轴垂直方向、工作台横向、工作台纵向），所以要求主电动机 M1 能正反转，且能点动，并有高低两种速度供选择。

4）高速运转应先经低速起动，各方向的进给应有联锁。主轴电动机要有制动，本机床采用电磁铁带动的机械制动装置进行制动。

5）各进给方向均能快速移动，本机床采用一台快速电动机拖动，正、反两个方向都能短时点动，不需过载保护。

 项目评测

项目评测内容请扫描二维码。

项目10 两级电动机顺序起停控制

项目描述

某机床要求第一台电动机起动之后第二台电动机才能起动，第二台电动机停止之后第一台电动机才能停止，如何实现呢？

项目目标

1. 了解卧式万能铣床的电力拖动要求，会分析电气控制电路工作过程及联锁保护。
2. 了解组合机床典型工作循环，能分析组合机床电气控制电路。
3. 能处理两台电动机顺序起停控制的调试和常见故障的检修。
4. 树立正确人生观和价值观，增强学习自信。

知识准备

思考一

复杂电路的控制功能是由单个基本电路构成的，来看看卧式万能铣床是不是这样的吧？

一、分析 X6132 型卧式万能铣床控制电路

铣床是一种通用的多用途机床，其使用范围仅次于车床，主要用于加工零件的平面、斜面、沟槽等型面。装上分度头后，可以加工直齿轮或螺旋面；装上回转圆工作台，则可以加工凸轮和弧形槽。铣床的种类很多，有卧式铣床、立式铣床、龙门铣床、仿形铣床以及各种专用铣床。其中卧式铣床的主轴是水平的，而立式铣床的主轴是竖直的。X6132 型卧式万能铣床是应用最广泛的铣床之一，其型号含义如图 10-1 所示。

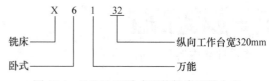

图 10-1　X6132 型卧式万能铣床型号含义

（一）主要结构与运动分析

X6132 型卧式万能铣床主要由底座、床身、悬梁、刀杆支架、工作台、溜板和升降台等

部分组成。

X6132 型卧式万能铣床有三种运动形式，即主运动、进给运动和辅助运动。主轴带动铣刀的旋转运动为主运动；加工中工作台带动工件上下、前后、左右的移动或圆工作台的旋转运动称为进给运动；工作台带动工件在三个方向的快速移动属于辅助运动。

（二）电力拖动方式和控制要求

1）X6132 型卧式万能铣床的主运动和进给运动之间没有速度比例协调的要求，所以主轴与工作台各自采用单独的笼型异步电动机拖动。

2）主轴电动机 M1 在空载时直接起动，为完成顺铣和逆铣，要求有正反转。根据铣刀的种类预先选择主轴电动机的转向，在加工过程中转向不变。为了减小负载波动对铣刀转速的影响以保证加工质量，主轴上装有飞轮，其转动惯量较大。为此，要求主轴电动机有停车制动控制，以提高工作效率。

3）工作台的纵向、横向和垂直三个方向的进给运动由一台进给电动机 M2 拖动，三个方向的选择由操纵手柄改变传动链来实现。每个方向有正反向运动，要求 M2 能正反转。同一时间只允许工作台向一个方向移动，故三个方向的运动之间应有联锁保护。使用圆工作台时，要求圆工作台的旋转运动与工作台的纵向、横向、垂直三个方向的运动之间有联锁控制，即圆工作台旋转时，工作台不能向其他方向移动。

4）为了缩短运动调整的时间，提高生产效率，工作台应有快速移动控制，X6132 型卧式万能铣床是通过快速电磁铁吸合改变传动链的传动比来实现的。

5）为适应加工的需要，主轴转速与进给速度应有较宽的调节范围。X6132 型卧式万能铣床是采用机械变速的方法，通过改变变速箱传动比来实现的。为保证变速时齿轮易于啮合，减小齿轮端面的冲击，变速时要求电动机有冲动（短时转动）控制。

6）根据工艺要求，主轴旋转与工作台进给应有先后顺序控制，即进给运动要在铣刀旋转之后才能进行，加工结束必须在铣刀停转前停止进给运动。为操作方便，主轴电动机的起动与停止及工作台快速移动可以两处控制。

7）冷却泵由一台电动机 M3 拖动，铣削时供给切削液。

（三）电气控制电路分析

X6132 型卧式万能铣床电气控制原理图如图 10-2 所示。

这种机床控制电路的显著特点是由机械操作和电气操作密切配合进行控制。因此，在分析电气原理图之前必须详细了解各转换开关、行程开关的作用。

> **温馨提示**
>
> **养成精益求精的工匠精神**
>
> 　　还记得怎么根据转换开关的国标符号来判别转换开关的状态吗？如果忘了，把书翻回项目 1 中图 1-7b，先复习一下吧。再看看图 10-2 所示电路中的转换开关 SA5，你看明白了吗？如果没有，就不要向下看，先把转换开关学明白。

SA1 为圆工作台转换开关；SA5 是主轴转向预选开关，实现按铣刀类型预先选定主轴转向；SA3 是冷却泵控制开关；SA4 是照明灯开关。

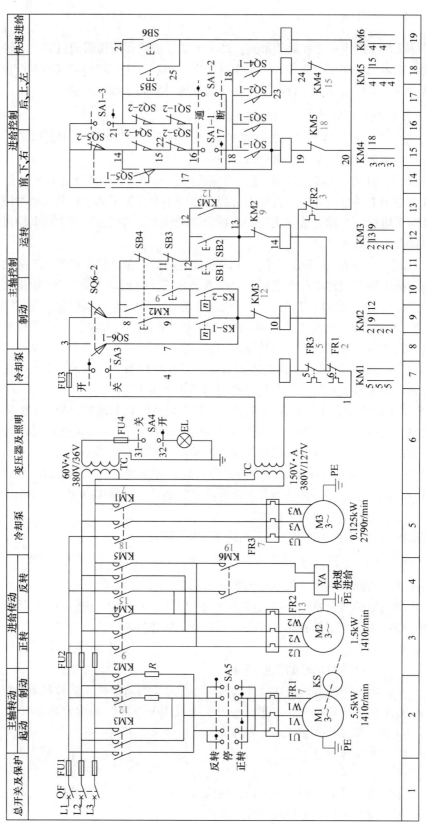

图 10-2　X6132 型卧式万能铣床电气控制原理图

工作台纵向进给是由纵向操纵手柄控制的。此手柄有左、中、右三个位置，对应的限位开关 SQ1、SQ2 的工作状态见表 10-1。工作台横向和升降运动是通过十字开关操纵手柄来控制的。该手柄有五个位置，即上、下、前、后和中间零位。在扳动十字开关操纵手柄时，通过联动机构将控制运动方向的机械离合器合上，同时压下相应的行程开关 SQ3 或 SQ4，见表 10-2。表中"+"表示闭合，"-"表示断开。

表 10-1　纵向进给行程开关状态表

触点	向左	停止	向右
SQ1-1	-	-	+
SQ1-2	+	+	-
SQ2-1	+	-	-
SQ2-2	-	+	+

表 10-2　横向及升降进给行程开关状态表

触点	向前、向下	停止	向后、向上
SQ3-1	+	-	-
SQ3-2	-	+	+
SQ4-1	-	-	+
SQ4-2	+	+	-

思考二

怎样从表 10-1 和表 10-2 中看出手柄动作时哪个行程开关受压动作呢?

先看停止位，见表 10-1。当纵向手柄处于停止位时，SQ1-1 为常开触点，SQ1-2 为常闭触点，纵向手柄扳到左边时，两触点状态都未改变，当纵向手柄扳到右边时，触点状态变化，从而知道工作台向"右"运动对应着 SQ1 动作。

同理，通过表 10-1 和表 10-2 可以看出工作台进给方向与各行程开关的对应关系为

左：SQ2；右：SQ1；前、下：SQ3；后、上：SQ4。

1. 主电路分析

1）主轴电动机 M1：KM3 实现起动运行控制，转换开关 SA5 预选转向，KM2 的主触点与速度继电器 KS 配合实现反接制动。

2）进给电动机 M2：接触器 KM4、KM5 的主触点实现正、反向进给控制，KM6 接通为快速移动，断开为慢速自动进给。由图 10-2 所示电路还可以看出，只有在先有进给的情况下，KM6 主触点闭合才有可能快速进给，这是一个联锁控制。

3）冷却泵电动机 M3：接触器 KM1 控制其运行和停车。

2. 控制电路分析

因为控制电器较多，所以控制电路电压为 127V，由控制变压器 TC 供给。

（1）主轴电动机　在非变速状态，SQ6 不受压；根据所用的铣刀，由 SA5 选择转向；合上 QF。

起动： $\begin{matrix} SB1^{\pm} \\ 或\ SB2^{\pm} \end{matrix}$ →KM3$^+$（自锁）→M1 直接起动 $\xrightarrow{n>120r/min}$ $\begin{matrix} KS\text{-}1^+ \\ 或\ KS\text{-}2^+ \end{matrix}$ ；

停车： $\begin{matrix} SB3^{\pm} \\ 或\ SB4^{\pm} \end{matrix}$ →KM3$^-$→KM2$^+$（自锁）→M1 串电阻反接制动→ $\xrightarrow{n<100r/min}$ $\begin{matrix} KS\text{-}1^- \\ 或\ KS\text{-}2^- \end{matrix}$ →

KM2$^-$→M1 停车。

温馨
提示

遵守安全操作规程

SB1、SB3 与 SB2、SB4 为分别安装在机床两边的起动和停车控制按钮,可实现两地控制,便于生产操作。

两地控制原则:起动用控制按钮的常开触点并联,停车用控制按钮的常闭触点串联。

主轴变速冲动控制:在变速手柄推拉过程中,变速冲动开关 SQ6 动作,即 SQ6-2 分断,SQ6-1 闭合,使接触器 KM2 线圈得电,KM2 主触点动作,M1 反向瞬时冲动一次,以利于变速后的齿轮啮合,但要注意的是应以较快的速度把手柄推回原始位置。

（2）工作台进给控制　工作台移动控制电路的电源是从 13 点引出,并在回路中串入 KM3 的自锁触点,以保证主轴旋转与工作台进给的顺序动作要求。

首先由转换开关 SA1 来确定是要进行圆工作台工作方式还是直线进给。SA1 扳到"接通"位置,是选择圆工作台方式。

1）圆工作台:SA1 接"通"$\rightarrow$SA1-2$^+$$\xrightarrow{\text{KM3}^+}$KM4$^+$$\rightarrow$M2 正转。

电流流经的路径:13$\rightarrow$SQ5-2$\rightarrow$SQ4-2$\rightarrow$SQ3-2$\rightarrow$SQ1-2$\rightarrow$SQ2-2$\rightarrow$SA1-2$\rightarrow$KM4 线圈$\rightarrow$KM5 常闭触点$\rightarrow$20。由于该路径经过了 SQ1 ~ SQ4 4 个行程开关的常闭触点,如果误操作同时选择了某个方向的直线进给和圆工作台方式,则电路断开,使 KM4 不能工作,达到联锁保护的目的。

2）向左进给（SQ2 受压）:SA1 接"断"$\rightarrow$$\begin{matrix}\text{SA1-1}^+\\\text{SA1-3}^+\end{matrix}$$\xrightarrow{\text{KM3}^+\text{、SQ2}^+}$KM5$^+$$\rightarrow$M2 反转。

电流流经的路径:13$\rightarrow$SQ5-2$\rightarrow$SQ4-2$\rightarrow$SQ3-2$\rightarrow$SA1-1$\rightarrow$SQ2-1$\rightarrow$KM5 线圈$\rightarrow$KM4 常闭触点$\rightarrow$20。欲使工作台停止向左移动,只要将手柄扳回中间位置,此时行程开关 SQ2 不受压,KM5 释放,工作台停止移动。

3）向右进给（SQ1 受压）:SA1 接"断"$\rightarrow$$\begin{matrix}\text{SA1-1}^+\\\text{SA1-3}^+\end{matrix}$$\xrightarrow{\text{KM3}^+\text{、SQ1}^+}$KM4$^+$$\rightarrow$M2 正转。

电流流经的路径:13$\rightarrow$SQ5-2$\rightarrow$SQ4-2$\rightarrow$SQ3-2$\rightarrow$SA1-1$\rightarrow$SQ1-1$\rightarrow$KM4 线圈$\rightarrow$KM5 常闭触点$\rightarrow$20。欲使工作台停止向右移动,只要将手柄扳回中间位置,此时行程开关 SQ1 不受压,KM4 释放,工作台停止移动。

工作台纵向进给有限位保护。进给至终端时,利用工作台上安装的左右终端撞块,撞击操纵手柄,使手柄回到中间停车位置,实现限位保护。

4）向上进给（SQ4 受压）:SA1 接"断"$\rightarrow$$\begin{matrix}\text{SA1-1}^+\\\text{SA1-3}^+\end{matrix}$$\xrightarrow{\text{KM3}^+\text{、SQ4}^+}$KM5$^+$$\rightarrow$M2 反转。

电流流经的路径:13$\rightarrow$SA1-3$\rightarrow$SQ2-2$\rightarrow$SQ1-2$\rightarrow$SA1-1$\rightarrow$SQ4-1$\rightarrow$KM5 线圈$\rightarrow$KM4 互锁触点$\rightarrow$20。欲停止上升,只要把手柄扳回中间位置即可。

5）向下进给（SQ3 受压）：SA1 接"断" $\rightarrow$ $\begin{array}{c} SA1\text{-}1^+ \\ SA1\text{-}3^+ \end{array}$ $\xrightarrow{KM3^+、SQ3^+}$ KM4$^+$ $\rightarrow$ M2 正转。

电流流经的路径：13 $\rightarrow$ SA1-3 $\rightarrow$ SQ2-2 $\rightarrow$ SQ1-2 $\rightarrow$ SA1-1 $\rightarrow$ SQ3-1 $\rightarrow$ KM4 线圈 $\rightarrow$ KM5 常闭触点 $\rightarrow$ 20。欲停止下降，只要把手柄扳回中间位置即可。

6）向前进给（SQ3 受压）：SA1 接"断" $\rightarrow$ $\begin{array}{c} SA1\text{-}1^+ \\ SA1\text{-}3^+ \end{array}$ $\xrightarrow{KM3^+、SQ3^+}$ KM4$^+$ $\rightarrow$ M2 正转。

电流流经的路径：13 $\rightarrow$ SA1-3 $\rightarrow$ SQ2-2 $\rightarrow$ SQ1-2 $\rightarrow$ SA1-1 $\rightarrow$ SQ3-1 $\rightarrow$ KM4 线圈 $\rightarrow$ KM5 常闭触点 $\rightarrow$ 20。欲停止前进，只要把手柄扳回中间位置即可。

7）向后进给（SQ4 受压）：SA1 接"断" $\rightarrow$ $\begin{array}{c} SA1\text{-}1^+ \\ SA1\text{-}3^+ \end{array}$ $\xrightarrow{KM3^+、SQ4^+}$ KM5$^+$ $\rightarrow$ M2 反转。

电流流经的路径：13 $\rightarrow$ SA1-3 $\rightarrow$ SQ2-2 $\rightarrow$ SQ1-2 $\rightarrow$ SA1-1 $\rightarrow$ SQ4-1 $\rightarrow$ KM5 线圈 $\rightarrow$ KM4 互锁触点 $\rightarrow$ 20。欲停止后退，只要把手柄扳回中间位置即可。

可见，工作台选择向前、向下、向右和圆工作台时进给电动机正转，工作台选择向后、向上、和向左时进给电动机反转。

工作台上、下、前、后运动都有限位保护，当工作台运动到极限位置时，利用固定在床身上的挡铁，撞击十字手柄，使其回到中间位置，工作台便停止运动。

每个方向的移动都有两种速度，上面介绍的 6 个方向的进给都是慢速自动进给移动。需要快速移动时，可在慢速移动过程中按下 SB5 或 SB6，KM6 得电吸合，快速电磁铁 YA 通电，工作台便按原移动方向快速移动。快速移动为短时点动，松开 SB5 或 SB6，快速移动停止，工作台仍按原方向继续进给。

若要求在主轴不转的情况下进行工作台快速移动，可将主轴换向开关 SA5 扳在停止位置，然后扳动进给手柄，按下主轴起动按钮和快速移动按钮，工作台就可进行快速调整。

思考三

X6132 型卧式万能铣床能进行前、后、左、右、上、下 6 个方向的直线进给加工，还能使用圆工作台进行旋转加工，这些运动都是由同一台进给电动机 M2 实现的，如何实现联锁保护的呢？

（3）工作台各运动方向的联锁　在同一时间内，工作台只允许向一个方向运动，这种联锁是利用机械和电气的方法来实现的。例如工作台向左、向右控制，是同一手柄操作的，手柄本身起到左右运动的联锁作用。同理，工作台的横向和升降运动 4 个方向的联锁，是由十字手柄本身来实现的。

而工作台的纵向与横向、升降运动的联锁，则是利用电气方法来实现的。由纵向进给操纵手柄控制的 SQ1-2、SQ2-2 和横向、升降进给操纵手柄控制的 SQ4-2、SQ3-2 的两个并联支路控制着接触器 KM4 及 KM5 的线圈，若两个手柄都扳动，则把这两个支路都断开，使 KM4

或 KM5 都不能工作，可以防止两个手柄同时操作而损坏机构，达到了联锁的目的。

（4）工作台进给变速冲动控制　先起动主轴电动机，拉出蘑菇形变速手轮，同时将其转动至所需要的进给速度，再把手轮用力往外一拉，并立即推回原处。在手轮拉到极限位置的瞬间，其连杆机构推动 SQ5，使 SQ5-2 分断、SQ5-1 闭合，接触器 KM4 短时通电，M2 短时冲动，便于变速过程中齿轮的啮合。

（5）工作台快速进给控制　按下起动控制按钮 SB5 或 SB6，接触器 KM6 线圈得电，KM6 主触点闭合，快速移动电磁制动器 YA 得电，进给电动机快速移动。松开 SB5 或 SB6，接触器 KM6 线圈失电，YA 断电制动，进给电动机转为慢速进给状态。

工作过程：$SB5^+$（或 $SB6^+$）→$KM6^+$→YA^+→进给电动机 M2 快速移动。

（6）冷却泵电动机 M3 的控制　由转换开关 SA3 控制接触器 KM1 来控制冷却泵电动机 M3 的起动和停止。

3. 辅助电路分析

照明电路：机床的局部照明由变压器 TC 供给 36V 安全电压，转换开关 SA4 控制照明灯。

4. 保护环节分析

电动机 M1、M2、M3 为连续工作制，由 FR1、FR2、FR3 热继电器的常闭触点串在控制电路中实现过载保护。当主轴电动机 M1 过载时，FR1 动作切除整个控制电路的电源；冷却泵电动机 M3 过载时，FR3 动作切除 M2、M3 的控制电源；进给电动机 M2 过载时，FR2 动作切除自身控制电源。

FU1 实现全部电路的短路保护，FU2 实现主轴电动机之外的其他电路短路保护，FU3 实现控制电路的短路保护，FU4 实现照明电路的短路保护。

接触器 KM2、KM3 采用复位按钮与接触器自锁控制方式，使 M1 有失电压和零电压保护。

二、分析组合机床电气控制电路

组合机床是由一些通用部件及少量的专用部件组成的高效率自动化或半自动化的专用机床，可完成钻孔、扩孔、铰孔、镗孔、攻螺纹、车削、铣削、磨削及精加工等工序，一般采用多轴、多刀、多工序、多面同时加工。在产品更新时，可以方便地将一些通用部件和专用部件重新改装，以适应新零件的加工要求。组合机床适用于大批量产品的生产。

组合机床由大量的通用部件和少量的专用部件组成，其电气控制电路由通用部件的典型控制电路和一些基本控制电路，根据加工、操作要求以及自动循环的不同，在无需或只需少量修改后组合而成。由于典型电路都经过一定的生产实践考验，因此采用上述方法不仅可以缩短设计和制造周期，同时也提高了机床工作的可靠性。

组合机床中各种典型工作循环可分为表 10-3 中的几种类型。值得注意的是，组合机床通用部件不是一成不变的，而是随着生产的发展而不断更新的，因此与其相适应的电气控制电路也将发生相应改变。

（一）一次工作进给的控制电路

如图 10-3 所示，该控制电路中有两台进给电动机：一台为快速进给电动机，另一台为慢速工进电动机。主轴旋转由另一台专门电动机拖动，由 KM 控制（图 10-3 中点画线部分）。在滑台快进或快退过程中，工作进给电动机不工作。工作进给时只允许工进电动机单独工作，快速进给电动机应由电磁制动器 YB 制动。

表 10-3 各种典型工作循环

自动工作循环类型	自动工作循环流程	用 途
一次工作进给	原位 快进 工进 快退 延时停留	钻、扩、镗、加工盲孔及刮端面等
两次工作进给	原位 快进 工进1 工进2 快退 延时停留	镗孔后车端面或刮端面
跳跃进给	原位 工进 快进 工进 快退 延时停留	镗有一定间距的两个同心孔
中间停止后转工作进给	原位 快进 工进 快退	有让刀机构及主轴定位机构的镗床
双向工作进给	原位 快进 正向工进 反向工进 快退	用于正向工进粗加工、反向工进精加工
分级进给	原位 快进 工进 快退 快进 工进 快退 快进 工进 快退	用于钻深孔

图 10-3 中 SQ1、SQ2、SQ3 分别为原位、快进转工进及终点限位开关，SQ4 为超行程保护限位开关。当滑台向前越位时，SQ4 被压下，切断工作台进给电路而停车，同时可设报警装置，通知操作者来处理。SB2 为快退按钮，在工作台进给过程中或因超行程而停止在终点位置时，按下 SB2，滑台便快退到原位自动停止。YB 为快速电动机的电磁制动器，具有断电制动作用。一个自动循环电路控制过程是 $SB1^{\pm} \rightarrow KM2^{+}$（自锁）$\rightarrow YB^{+} \rightarrow M2^{+}$ 快进 $\xrightarrow{SQ2^{+}}$ $KM2^{-} \rightarrow YB^{-} \rightarrow M2$ 停转 $\xrightarrow{SQ3^{+}}$ $\left.\begin{array}{l} KM1^{+} \rightarrow M1^{+} 工进 \end{array}\right]$ $\begin{array}{l} KM1^{-} \rightarrow M1 \ 停转 \\ KM3^{+}（自锁）\rightarrow YB^{+} \end{array}$ $\rightarrow M2^{+}$ 快退 $\xrightarrow{SQ1^{+}（原位）} KM3^{-} \rightarrow YB^{-} \rightarrow$ 停在原位，一个循环结束。

本控制电路具有过载保护，任何一台电动机过载都将使控制电路断电。

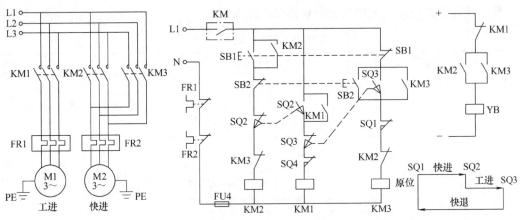

图 10-3　一次工作进给的自动循环控制电路

（二）具有正反向工作进给的控制电路

具有双向工作进给的自动循环控制电路如图 10-4 所示。

工进电动机	快进电动机	前进	快速	后退	快进电动机制动器

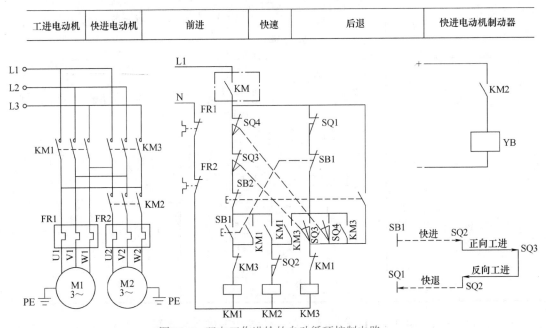

图 10-4　双向工作进给的自动循环控制电路

由主电路可知，KM1、KM3 分别控制 M1、M2 的正反转，只有 KM2 主触点也闭合时，快速电动机才能实现正反转控制。图 10-4 中 KM 为控制主轴电动机的接触器（点画线部分）的辅助常开触点。

在滑台快进和快退过程中，工作进给电动机也同时工作。而工作进给时只允许工作进给电动机单独工作，快速进给电动机由电磁制动器 YB 制动。

一个加工循环电路的控制过程是 $\dfrac{\text{主轴起动 } KM^+}{\text{原位 } SQ1^+}$ →$SB1^{\pm}$→$KM1^+$（自锁）→$KM2^+$→YB^+→

M1、M2 正转，快进加工进 $\xrightarrow{SQ1^-、SQ2^+}$ KM2$^-$、YB$^-$→ M2 抱闸，正向工进停止 $\xrightarrow{SQ2^+、SQ3^+（终点）}$ KM1$^-$→

KM3$^-$

KM3$^+$→ M1 反转反向工进 $\xrightarrow{SQ2^-}$ KM2$^+$→YB$^+$→M1、M2 反转，反向快进加工进 $\xrightarrow{SQ1^+（原位）}$ KM2$^-$→原

位停留，一个循环结束。

若正向工进超过预定行程，则 SQ4 被压下，KM3、KM2、YB 相继通电，工作台先反向工进，接着马上快退至原位，起到超行程保护作用。本控制电路还具有过载和失电压保护。

 项目实施　两级电动机顺序起停控制

技能目标

1. 能合理实现对两级电动机顺序起停的控制，具有分析问题、解决问题的能力。
2. 能在规定时间内完成两级顺序起停控制电路的连接，具有按图布线和电路检查的能力。
3. 会处理两级电动机顺序起停控制过程中常见故障，具有故障维修的能力。
4. 按照 6S 管理标准，规范操作，增强学习自信。

一、清点器材

项目所需的实训器材包括三相异步电动机 2 台、断路器 1 个、熔断器 4 个、热继电器 2 个、接触器 2 个、按钮 4 个、万用表 1 块、工具 1 套、导线若干，如图 10-5 所示。

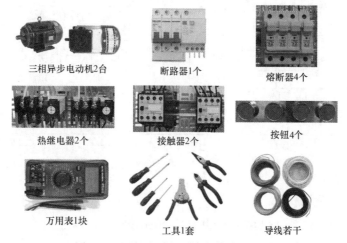

图 10-5　两级电动机顺序起停实训器材

二、识读电路

两级电动机顺序起停实训电路如图 10-6 所示。

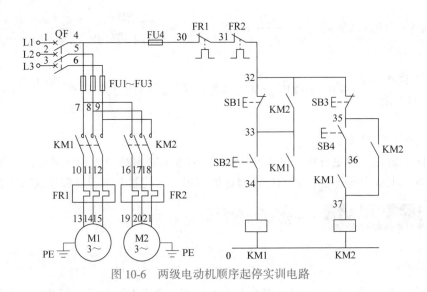

图 10-6　两级电动机顺序起停实训电路

三、选用电器

按图 10-7 所示准备电器，检查电器是否完好。

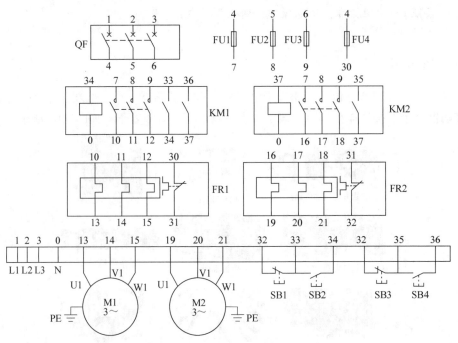

图 10-7　两级电动机顺序起停实训接线图

1）选用型号为 D16 的断路器，如图 10-8a 所示。

2）检测配电盘上的 4 个熔断器是否完好。

3）选择 2 个接触器作为 KM1、KM2，如图 10-8b 所示，做好标记并测试其线圈和触点是否完好。

4) 选用 2 个热继电器 FR1（左）、FR2（中），如图 10-8c 所示，调整复位按钮为手动复位方式，并使绿色动作指示件在复位状态，然后测试热继电器的常闭触点是否完好。

5) 选择不同颜色的 4 个按钮作为 SB1（红色）、SB2（绿色）、SB3（红色）、SB4（黄色），如图 10-8d 所示，做好标记并测试其常开常闭触点是否完好。

6) 选用的电动机 M1 型号为 YE2-802-4，绕组丫联结；选择的电动机 M2 型号为 JW-6314，绕组可以丫-△换接，这里接成△，如图 10-8e 所示。

a) 选用断路器和熔断器

b) 选用接触器

c) 选用热继电器

d) 选用按钮

e) 选用电动机

图 10-8　选用电器

四、按图布线

1) 依据先主后辅、从上到下、从左到右的顺序接线，注意布线合理、正确，导线平直、美观，接线正确、牢固。接线时不可跨接，也不可露出裸线太长。

2) 选用的 2 台电动机中，M1 选用的电动机只有 U、V、W 三个引出线，分别接三相电源即可；M2 电动机是双速电动机，可以丫-△换接，有 U1、V1、W1、U2、V2、W2 共 6 个引出线，这里接成△，接法示意如图 10-9a 所示。2 台电动机实际接线如图 10-9b 所示。

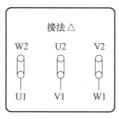

a) 电动机△联结

b) 电动机端子排接线

图 10-9　电动机接线提示

五、整定电器

接完全部电路后，开始整定热继电器，观察热继电器正面面板右侧的绿色标记，如凸出面板则表明热继电器处于过载状态，如图 10-10a 所示，需要按下蓝色键进行复位整定，如

图 10-10b 所示。

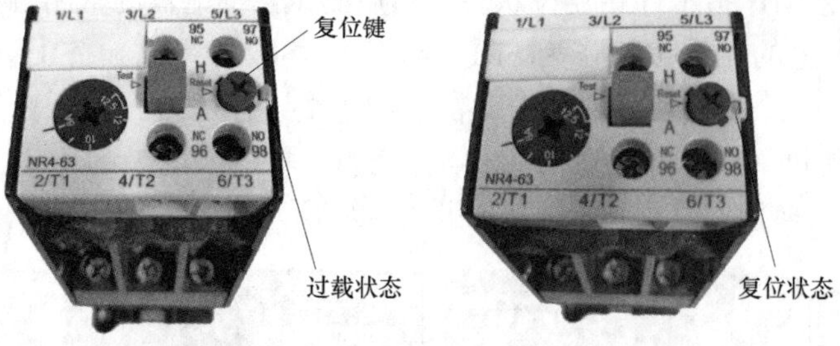

a) 未整定　　b) 整定

图 10-10　整定热继电器

六、常规检查

通电试车前用万用表进行控制电路检查，其流程如图 10-11 所示，经指导教师允许后方可接通电源。通电试车前检查步骤如下。

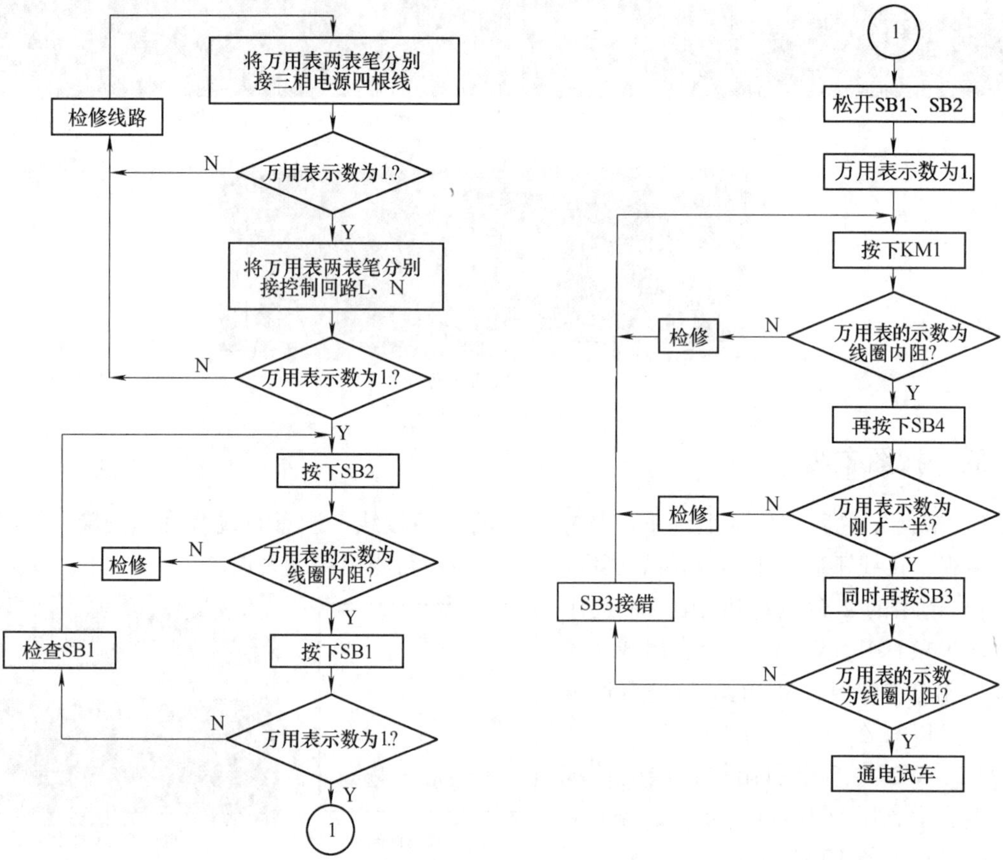

图 10-11　控制电路通电试车前检查流程图

1. 检查主电路

1）合上断路器，如图 10-12a 所示，使用数字式万用表的二极管档或者指针式万用表的欧姆档（“×1k”档），并将红、黑表笔分别接在三根相线中的任意两根（如 L1、L2 两相），两相间应该是断开的，万用表显示"1."为正常；如果万用表显示为"0"，说明该两相存在短路故障，需要检修电路。

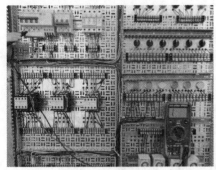

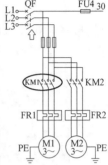

a) 检查L1、L2两相间电阻　　　　　　　　　　　b) 手动按下KM1

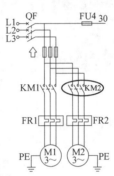

c) 手动按下KM2

图 10-12　检查主电路

2）万用表两表笔位置保持不动，手动按下接触器 KM1，KM1 主触点闭合，主电路连通，如果万用表显示电动机 M1 绕组内阻，如图 10-12b 所示，说明正常，继续检查；如果万用表显示为"0"，说明主电路中 KM1 支路有短路故障，需要排除之后返回步骤 2）重新检查。

3）保持万用表红、黑表笔分别接在 L1、L2 两相不动，万用表显示为"1."，手动按下接触器 KM2，KM2 主触点闭合，主电路连通，万用表显示电动机 M2 绕组内阻，如图 10-12c 所示，说明正常，继续检查；如果万用表显示为"0"，说明主电路中 KM2 支路有短路故障，需要排除之后返回步骤 3）重新检查。

4）同理，检查 L2、L3 两相和 L1、L3 两相，分别手动按下 KM1、KM2 时，万用表显示分别从"1."变为电动机 M1、M2 绕组内阻为正常。

2. 检查控制电路电源

1）找到控制电路相线。方法是将万用表一只表笔接热继电器 FR1 常闭触点的输入端（95 端），另一表笔分别接触电源三根相线，万用表的示数为"0"的那相即是控制电路所用的相线。如图 10-13 所示，万用表红色表笔所接相线即是控制电路所用的相线。

2）检查热继电器整定。找到控制电路相线后，将万用表一只表笔放在控制电路相线，另一只表笔放在 FR2 的常闭触点输出端（96 端）即 32 号线，万用表显示"0"为正常，说明 2 个热继电器整定都正常，继续检查；否则检查 FU4、FR1、FR2 状态，以保证熔断器、热继电器状态正常。

3）检查控制电路电源。将万用表的一只表笔接控制电路相线，另一表笔接中性线，电路此时应该是断开的，万用表显示"1."为正常，如图 10-14 所示，继续检查；如果万用表指示为"0"，说明存在短路故障，需要检修电路。

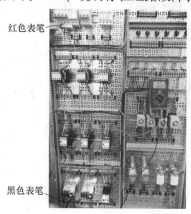

红色表笔

黑色表笔

图 10-13　找控制电路所用相线

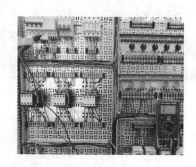

图 10-14　检查控制电路相线和中性线之间有无短路

3. 检查控制电路 KM1 支路

1）保持万用表两表笔位置不动，一只表笔接控制电路相线，另一表笔接中性线，万用表显示"1."。按下起动按钮 SB2，如果万用表显示数值等于接触器 KM1 线圈内阻（一般为 $400\sim600\Omega$），说明正常，如图 10-15a 所示，继续检查；如果万用表显示"1."，说明 KM1 线圈电路断路；如果万用表显示"0"，说明线圈电路短路，需要检修电路后重新检查。

2）按住 SB2 别松，同时再按下 SB1，万用表显示数值从 KM1 线圈内阻变为"1."，如图 10-15b 所示，说明 KM1 线圈支路没有问题，继续检查 KM1 自锁；如果依然显示线圈内阻，说明 SB1 常闭触点接触不良或者接错线，检修后返回重新检查。

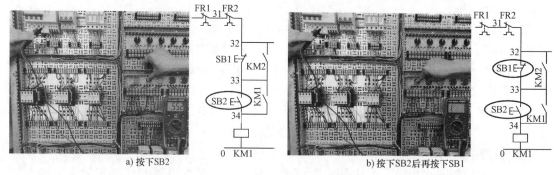

a) 按下SB2　　　　　　　　　　b) 按下SB2后再按下SB1

图 10-15　检查控制电路 KM1 支路

4. 检查 KM1 自锁

保持万用表两表笔位置不动，一只表笔接控制电路相线，另一表笔接中性线，万用表显示"1."。手动按下接触器 KM1，接触器 KM1 辅助常开触点闭合，如果万用表显示数值等于接触器 KM1 线圈内阻（一般为 $400\sim600\Omega$）为正常，如图 10-16a 所示，再按下 SB1，万用表重新显示"1.",如图 10-16b 所示,说明 KM1 自锁接的没有问题,可以继续检查;否则检修 KM1 自锁两条线。

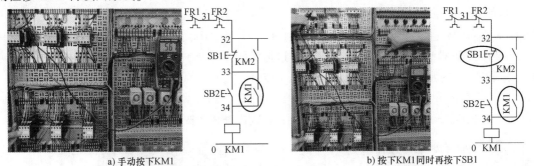

a) 手动按下KM1   b) 按下KM1同时再按下SB1

图 10-16 检查 KM1 自锁

5. 检查 KM1 停车联锁

1)保持万用表两表笔位置不动,一只表笔接控制电路相线,另一表笔接中性线,万用表显示"1."。按下电动机 M1 的起动按钮 SB2,KM1 线圈支路接通,万用表显示接触器 KM1 线圈内阻(一般为 $400\sim600\Omega$)为正常,如图 10-17a 所示。

2)按住 SB2 不动,同时手动按下 KM2,KM2 线圈支路也接通,相当于模拟电动机 M2 在工作,万用表显示接触器 KM1 与 KM2 线圈内阻的并联阻值(如果 KM1 和 KM2 两接触器型号一样,该数值理论上近似为刚才一半)为正常,如图 10-17b 所示。

3)按住 SB2 和 KM2 不动,同时按下 SB1,万用表显示数值不变,仍然是接触器 KM1 与 KM2 线圈内阻的并联阻值为正常,如图 10-17c 所示。这是因为 M2 未停车前不允许 M1 先停车,说明 KM1 停车联锁两条线没有问题,继续检查;否则检修 KM2 辅助常开 32 号、33 号两条线。

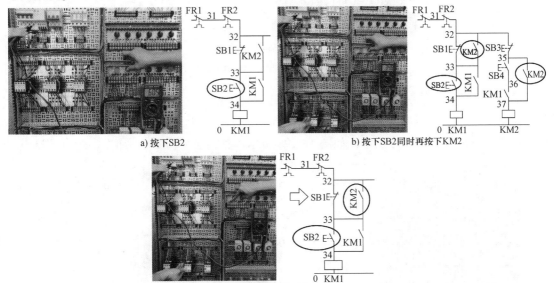

a) 按下SB2   b) 按下SB2同时再按下KM2

c) 按下SB2、KM2同时再按下SB1

图 10-17 检查 KM1 停车联锁

6. 检查控制电路 KM2 支路

1）将万用表一只表笔接控制电路相线，另一表笔接中性线，万用表显示"1."。用手压下接触器 KM1，万用表显示接触器 KM1 线圈内阻为正常，如图 10-18a 所示；同时再按下 SB4，KM2 线圈支路接通，万用表显示接触器 KM1 与 KM2 线圈内阻的并联阻值（如果 KM1 和 KM2 两接触器型号一样，该数值理论上近似为刚才一半）为正常，如图 10-18b 所示，可以继续检查；否则检修电路，返回步骤 1）重新检查。

2）KM1 和 SB4 都保持按下不动，再同时按下 SB3，万用表显示数值重新为 KM1 线圈内阻为正常，如图 10-18c 所示，继续检查 KM2 自锁；否则检查 SB3 按钮是否接错，检修后重新检查。

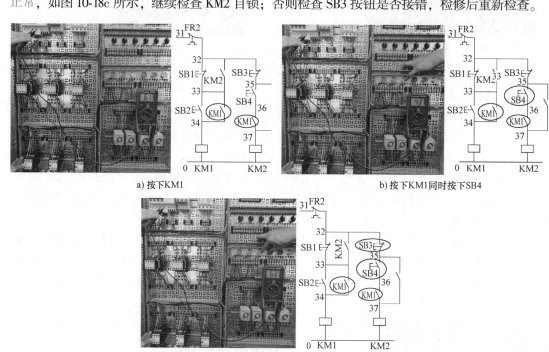

a) 按下KM1　　　　　　　　　　　　b) 按下KM1同时按下SB4

c) 按下KM1同时按下SB4、SB3

图 10-18　检查控制电路 KM2 支路

3）将万用表一只表笔接控制电路相线，另一表笔接中性线，万用表显示"1."，手动按下接触器 KM2，接触器 KM2 辅助常开触点闭合，万用表显示数值等于接触器 KM2 线圈内阻（一般为 400~600Ω）为正常，如图 10-19a 所示；保持 KM2 按下不动，再按下 SB3，万

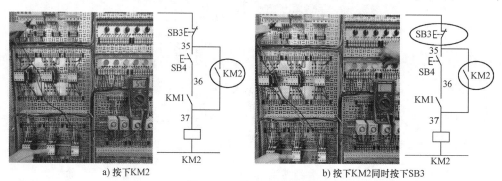

a) 按下KM2　　　　　　　　　　　　b) 按下KM2同时按下SB3

图 10-19　检查 KM2 自锁

用表重新显示"1."，如图 10-19b 所示，说明 KM2 自锁接的也没有问题，可以申请通电试车；否则检修 KM2 自锁两条线。

七、通电试车

在教师监护下通电试车，按教师指定顺序操作，如发现电器动作异常、电动机不能正常运转时，必须马上按下停车控制按钮 SB3、SB1，断电进行检修，不允许带电检查。

> **温馨提示**
>
> **遵守安全操作规程**
> 　　第一台电动机起动控制按钮为 SB2，停车分两种情况，如果第二台电动机没有工作，则停车控制按钮为 SB1；如果两台电动机同时工作，第一台电动机停车需要先按下控制按钮 SB3，再按下 SB1。
> 　　第二台电动机起动控制顺序为先按下 SB2，再按下 SB4，停车控制直接按下 SB3 即可。

八、清理工位

调试成功后，停车，关闭电源，经指导教师同意后，拆线并维护实训设备及元件，清点工具，清理工作台位，去掉配电盘上的标记。

九、完成报告

完成项目实训报告。

知识拓展

树立正确人生观和价值观，增强学习自信

对当代大学生来说，树立一个正确的人生观、价值观至关重要。只有树立了正确的人生观、价值观，才能做有理想的人；有了远大的理想，人生追求才能更高，人生步履才能更坚实，人生价值才能更美好，才能更好地为国家和人民服务。

要想快速、准确地完成两台电动机顺序起停控制项目，从按图布线到用万用表检查电路，再到通电试车调试，都需要明确了解电气联锁控制的逻辑关系。实训项目难度增大，要求同学们必须有端正的学习态度和认真钻研的精神。组内成员要充分发挥自己特长，找准自己的位置，齐心协力攻坚克难。遇到困难不轻言放弃，只有在坚持和坚定中，才能逐步建立对学习的自信，进而建立对人生的自信。

思考四

这个实训电路通电试车后经常会出现哪些故障呢？又需要怎样排除呢？

常见故障现象与检修方法

通电试车过程中，不管出现什么故障现象，必须关闭断路器，切断电源后进行电路分析和检修，必要时可以请指导教师协助检修。

两级电动机顺序起停控制常见故障现象与检修方法见表10-4。

表10-4 两级电动机顺序起停控制常见故障现象与检修方法

序号	故障现象	检修方法
1	通电试车前检查电路不通	①检查断路器 QF 是否闭合、熔断器熔体状态、热继电器是否复位以及热继电器常闭触点是否接触不良 ②用分段电阻法逐段检查各电路
2	按下起动按钮 SB2 后，KM1 不工作	①教师用万用表 AC500V 档检查实验台电源插座是否有电、电压值是否正常 ②断电，检查电器状态 ③用分段电阻法检查电路
3	按下起动按钮 SB2 后，KM1 工作，但是不能自锁	检查 KM1 辅助常开自锁触点进出线，即 33 和 34 号线是否接错
4	M1 起动后，按下 SB4，KM2 不工作	①检查 SB3 进线 32 号线是否接错，32 号线比较容易接错 ②检查按钮 SB4 常开触点进出线 35、36 号线 ③检查 KM1 联锁常开触点两条线 36、37 号线 ④检查 KM2 线圈进出线 37 和 0 号线
5	M1 起动后，按下 SB4，KM2 能工作，不能自锁	检查 KM2 自锁常开触点进出线 35、37 号线，尤其是 37 号线容易接错，建议 37 号线不接到 KM1 联锁触点端，而接到 KM2 线圈进线端，这是一种不容易出错的接法
6	M1 不能停车	①检查按钮 SB1 两条线，即 32 号线和 33 号线是否接错位置 ②检查 KM2 联锁触点是否有问题
7	M2 能直接起动	KM1 联锁常开触点接错或者接触有问题，即检查 36、37 号线
8	起动后，接触器动作，但电动机不动或者嗡嗡响，转动不流畅	检查是否有缺相问题

 项 目 评 价

项目评价见表10-5。

表10-5 两级电动机顺序起停考核要求及评分标准

考核内容	考核要求	配分	评分标准	扣分	自评	小组评	教师评
选用电器	检查电器好坏 正确选用电器 元件明细表填写正确	10 分	电气元件漏检每处扣 2 分； 选用不准确扣 5 分；每错 1 处 扣 0.5 分				

（续）

考核内容	考核要求	配分	评分标准	扣分	自评	小组评	教师评
接线	布线合理、正确 线号齐全	45分	每1处不合格扣1分				
	导线平直、美观，不交 叉，不跨接		布线不美观、导线不平直、 交叉架空跨接每处扣1分				
	接线正确、牢固		裸露导线过长或者接点压 接不紧，每处扣1分				
试车	热继电器未整定或整 定错误	30分	扣4分				
	操作顺序正确		操作不正确1次扣2分				
	通电试车成功		1次不成功扣10分，3次不 成功本项不得分				
文明操作	工作台面清洁、工具摆 放整齐	10分	凡违反有关规定，酌情扣 2~4分，但对发生严重事故 者，取消实训资格				
时间	3h 按时完成	5分	每超时5min 酌情扣3~5分				
总分		100分					

 **技术升级** PLC 控制的两级电动机顺序起停

一、I/O 分配

这里使用的 PLC 是西门子公司 S7-200，该 PLC 有 14 个输入点，10 个输出点。

图 10-6 所示的两级电动机顺序起停控制电路中，控制按钮有 4 个，即第一台电动机起动按钮 SB2、停车按钮 SB1，第二台电动机起动按钮 SB4、停车按钮 SB3，占用 4 个 PLC 输入点。控制两台电动机的接触器 KM1、KM2，占用 2 个 PLC 输出点。具体端口分配见表 10-6。

表 10-6　I/O 口分配

序号	状态	名称	作用	I/O 口
1	输入	按钮 SB1	控制 KM1 停车	I0.0
2	输入	按钮 SB2	控制 KM1 工作	I0.1
3	输入	按钮 SB3	控制 KM2 停车	I0.2
4	输入	按钮 SB4	控制 KM2 工作	I0.3
5	输出	接触器 KM1	控制第一台电动机 M1	Q0.0
6	输出	接触器 KM2	控制第二台电动机 M2	Q0.1

二、电路改造

PLC 控制的两级电动机顺序起停控制电路如图 10-20 所示。

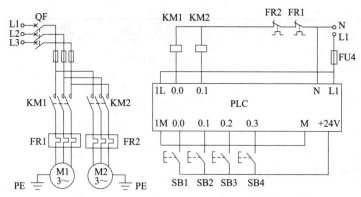

图 10-20　PLC 控制的两级电动机顺序起停控制电路

三、梯形图设计

两级电动机顺序起停控制程序梯形图如图 10-21 所示。

图 10-21　两级电动机顺序起停控制程序梯形图

 项目总结

1）两地控制原则：起动用控制按钮的常开触点并联，停车用控制按钮的常闭触点串联。

2）组合机床由大量的通用部件和少量的专用部件组成，其电气控制电路由通用部件的典型控制电路和一些基本控制电路，根据加工、操作要求以及自动循环的不同，在无需或只需少量修改后组合而成。

 项目评测

项目评测内容请扫描二维码。

项目11 PLC控制的X6132型卧式万能铣床改造

 项目描述

某车间要对现有的 X6132 型卧式万能铣床实现 PLC 控制，如何进行电气控制电路重新设计和 PLC 技术升级呢？

 项目目标

1. 了解电气控制设计的一般原则及方法。
2. 了解常用电器的选用方法和容量选择方法。
3. 能设计简单的电气控制电路，培养创新的思维方式。
4. 遵守安全操作过程，养成精益求精的工匠精神。

 知识准备

电气控制设计，一般包含两个方面：一方面是满足生产机械和工艺的各种控制要求，即原理设计；另一方面是满足电气控制装置本身的制造、使用以及维修的需要，即工艺设计。

前者一般更受重视，因为它决定一台设备的使用效能和自动化程度，即决定着生产机械设备的先进性、合理性。后者往往被忽略，原因是缺乏生产经验，不了解工艺设计重要性。而工艺设计的合理性、先进性决定电气控制设备的生产可行性、经济性、造型美观和使用、维修方便与否，因此也很重要。

本项目在前面电气控制基本电路和典型机床控制电路基础上，着重介绍电气原理图的设计。

一、电气控制设计的一般原则及方法

 思考一

在设计电气控制系统时，需要考虑和注意哪些方面呢？

(一) 电气控制设计的一般原则

在电气控制系统的设计过程中，通常应遵循以下几个原则：

1）最大限度满足生产机械和工艺对电气控制的要求。这些要求是电气设计的主要依据，常常以工作循环图、执行元件动作节拍图、检测元件状态等形式提供，对于有调速要求的场合，还应给出调速技术指标。其他如起动、转向、制动、照明、保护等要求，应根据生产需要充分考虑。

2）在满足控制要求的前提下，设计方案应力求简单、经济，不宜盲目追求自动化和高指标。

3）妥善处理机械与电气的关系。很多生产机械是采用机电结合控制方式来实现控制要求的，要从工艺要求、制造成本、结构复杂性以及使用、维护是否方便等方面协调处理好二者的关系。

4）正确合理地选择电气元件。

5）确保使用安全、可靠。

6）造型美观，使用、维护方便。

(二) 电气控制设计的基本任务与内容

电气控制设计的基本任务是根据控制要求设计和编制出设备制造和使用维修过程中所必需的图样和资料，包括电气原理图、电气系统的组件划分与电气元件布置图、电气安装接线图、电气箱图、控制面板及电气元件安装底板、非标准紧固件加工图等，并编制外构件目录、单台材料消耗清单、设备说明书等资料。

由此可见，电气控制设计包含原理设计与工艺设计两个基本部分。

1. 原理设计内容

电气控制系统原理设计内容主要包括：

1）拟定电气设计任务书。

2）选择拖动方案与控制方式。

3）确定电动机的类型、容量、转速，并选择具体型号。

4）设计电气控制原理框图，确定各部分之间的关系，拟定各部分技术要求。

5）设计并绘制电气原理图，计算主要技术参数。

6）选择电气元件，制定元件目录清单。

7）编写设计说明书。

电气控制原理设计是整个设计的中心环节，因为它是工艺设计和制定其他技术资料的依据。

2. 工艺设计内容

工艺设计的主要目的是便于组织电气控制装置的制造，实现原理设计要求的各项技术指标，并为设备的调试、维护、使用提供必要的图纸资料。工艺设计主要内容是：

1）根据设计的原理图及选定的电气元件，设计电气设备的总体配置，并绘制电气控制系统的总装配图及总接线图。

2）按照原理框图或划分的组件，对总原理图进行分区编号，绘制各组件原理电路图，列出各部分的元件目录表，并根据编号统计出各组件的进出线号。

3）根据组件原理电路及选定的元件目录清单，设计组件装配图（电气元件布置与安装图）、接线图，图中应反映各电气元件的安装方式与接线方式。这些资料是组件装配和生产管理的依据。

4）根据组件装配要求，绘制电气元件安装板和非标准的电气元件安装零件图样，并标明技术要求。这些图样是机械加工和外协作加工所必需的技术资料。

5) 设计电气箱。根据组件尺寸及安装要求确定电气箱结构与外形尺寸，设置安装支架，并标明安装尺寸、面板安装方式、各组件的连接方式、通风散热以及开门方式。在电气箱设计中，应注意操作维护方便与造型美观。

6) 将总原理图、总装配图以及各组件原理图等资料进行汇总，分别列出外构件清单、标准件清单以及主要材料消耗定额。这些是生产管理（如采购、调度、配料等）和成本核算所必须具备的技术资料。

7) 编写使用维护说明书。

（三）电气控制设计的一般步骤

1) 拟定设计任务书。设计任务书是整个系统设计的依据，同时又是设备竣工验收的依据。因此，设计任务书的拟定是一个十分重要而且必须认真对待的工作。

电气设计说明书中，需要简要说明所设计设备的型号、用途、工艺过程、动作要求、传动参数、工作条件及一些主要技术指标及要求。

2) 选择拖动方案与控制方式。所谓电力拖动方案是根据零件加工精度、加工效率要求、生产机械的结构、运动部件的数量、运动要求、负载性质、调速要求以及投资额等条件去确定电动机的类型、数量、传动方式以及拟定电动机起动、运行、调速、转向、制动等控制要求，作为电气控制原理图设计及电气元件选择的依据。

电力拖动方案与控制方式的确定是设计的重要部分，因为只有在总体方案正确的前提下，才能保证生产设备各项技术指标实施的可能性。在设计过程中若是个别控制环节或工艺图样设计不当，可以通过不断改进、反复试验来达到设计要求，但如果总体方案出现错误，则整个设计必须重新开始。因此，在电气设计主要技术指标确定完成并以任务书格式下达后，必须认真做好调查研究工作，注意借鉴已经获得成功并经过生产考验的类似设备或生产工艺，列出几种可能的方案，并根据自身的条件和工艺要求进行比较后做出决定。

3) 选择电动机。拖动方案决定以后，就可以进一步选择电动机的类型、数量、结构形式，以及每台电动机的容量、额定电压与额定转速等要求。

电动机选择的基本原则：电动机的机械特性应满足生产机械设计提出的要求，要与负载特性相适应，以保证加工过程中运行稳定；具有一定的调速范围与良好的起动、制动性能；工作过程中电动机的容量能得到充分利用，即温升尽可能达到或接近额定温升；电动机的结构形式应满足机械设计提出的安装要求，并能适应周围环境。

4) 选择控制方式。拖动方案确定之后，拖动电动机的类型、数量及其控制要求就已基本确定，采用什么方法去实现这些控制要求就是控制方式的问题。随着电气技术、电子技术、计算机技术、检测技术以及自动化控制理论的迅速发展和机械结构与工艺水平的不断提高，已使生产机械电力拖动的控制方式从传统的继电器-接触器控制向顺序控制、可编程逻辑控制、计算机联网控制等方面发展。同时随着各种新型的工业控制器及标准系列控制系统的不断出现，可供选择的控制方式增多，系统复杂程度差异也加大。

5) 设计电气控制原理电路图并合理选用元件，编制元件目录清单。

6) 设计电气设备制造、安装、调试所必需的各种施工图样并以此为根据编制各种材料定额清单。

7) 编写使用说明书。

二、电气原理图设计的步骤与方法

思考二

如何进行电气原理图设计呢?

电气原理图设计是原理设计的核心内容。在总体方案确定之后，具体设计是从电气原理图开始的，因为各项设计指标都是通过控制原理图来实现的，同时它又是工艺设计和编制各种技术资料的依据。

(一) 电气原理图的设计步骤

电气原理图设计的基本步骤是:

1) 根据选定的拖动方案及控制方式设计系统的原理框图，拟定出各部分的主要技术要求和主要技术参数。

2) 根据各部分的要求，设计出原理框图中各个部分的具体电路。

3) 绘制总原理图。一般根据电气控制要求先设计主电路，再设计控制电路，然后加其他辅助电路、联锁及保护等环节，最后整体检查。

4) 正确选用原理电路中每一个电气元件，并制定元件目录清单。

对于比较简单的控制电路，例如普通机械或非标设备的电气配套设计，可以省略前两步直接进行原理图设计和选用电气元件。但对于比较复杂的自动控制电路，就必须按上述过程一步一步进行设计。只有各个独立部分都达到技术要求，才能保证总体技术要求的实现，保证安装、调试的顺利进行。

(二) 电气原理图的设计方法

1. 主电路设计

电气原理图的设计是在拖动方案和控制方式确定后进行的。主电路设计包括确定主电路需要几个电动机，每个电动机是否有起动、调速、制动等要求，以及它们分别是由什么执行电器控制的等。一般有经验设计法和逻辑设计法两种。

经验设计法是根据生产工艺的要求直接选择适当的基本控制电路或经过考验的成熟电路，然后按各部分的联锁条件组合起来并加以补充和修改，经过反复修改得到理想的控制电路。这种设计方法简单，但是需要熟悉大量的基本控制电路，又需要一定的设计方法和技巧。

逻辑设计法是根据生产工艺要求，利用逻辑代数来分析、设计电路。采用逻辑设计法能获得理想、经济的方案，且当给定条件变化时能找出电路相应变化的内在规律，因此在设计复杂控制电路时更能显示出它的优点。但由于这种设计方法设计难度较大，整个设计过程较复杂，还要涉及一些新概念，因此在一般常规设计中很少单独采用。

2. 控制电路设计

设计控制电路时应注意遵循以下规律:

1) 当几个条件中只要有一个条件满足接触器线圈就通电，可以采用并联接法("或"逻辑)。

2) 只有所有条件都具备时接触器才得电，可采用串联接法("与"逻辑)。

3) 要求第一个接触器得电后第二个接触器才能得电(或不允许得电)，可以将前者常开（或常闭）触点串接在第二个接触器线圈的控制电路中，或者第二个接触器控制线圈的电源从前者的自锁触点后引入。

4）连续运转与点动控制的区别仅在于自锁触点是否起作用。

（三）电气原理图设计中应注意的问题

1）尽量减少控制电路中电流、电压的种类，控制电压等级应符合标准。

2）应尽量避免许多电器依次动作才能接通另一电器的现象发生。

3）正常工作中，应尽可能减少通电器的数量，以利节能、延长电气元件寿命以及减少故障。

4）正确连接电器线圈，交流电器线圈不能串联使用。

5）电路设计要考虑操作、使用、调试与维修的方便。

三、机床常用电器的选择

思考三

设计电气控制电路时怎样选择电气元件呢？

完成电气原理图的设计之后，应开始选择所需要的控制电器。控制电器的选用正确、合理，是控制电路安全、可靠工作的重要条件。机床电器的选择，主要是依据电器产品目录上的各项技术指标（数据）来进行的。

（一）按钮、低压开关的选用

1. 按钮

按钮通常是用来短时接通或断开小电流的控制电路开关。目前按钮在结构上有多种形式，如用手扭动旋转进行操作的旋钮式，内部可装入显示信号的指示灯式，装有蘑菇形钮帽以表示紧急操作的紧急式等。主要根据使用场合、所需要的触点数、触点形式及颜色来选用按钮。

2. 刀开关

刀开关又称闸刀，主要作用是接通和切断长期工作设备的电源，也用于控制不经常起动、制动的容量小于7.5kW的异步电动机。当用于起动异步电动机时，刀开关的额定电流应不小于电动机额定电流的3倍。

主要根据电源种类、电压等级、电动机容量、所需极数及使用场合来选用刀开关。

3. 断路器

断路器在机床上应用得很广泛。这是因为它既能接通或分断正常工作电流，也能自动分断过载或短路电流，且分断能力大，还有欠电压和过载短路保护作用。

选择断路器应主要考虑其额定电压、额定电流和允许切断的极限电流等主要参数。其脱扣器的额定电流应等于或大于负载允许的长期平均电流；其极限分断能力要大于、至少要等于电路最大短路电流。断路器脱扣器电流整定应按下面原则进行：欠电流脱扣器额定电流等于主电路额定电流；热脱扣器的整定电流应与被控对象（负载）额定电流相等；电磁脱扣器的瞬间脱扣整定电流应大于负载正常工作时的峰值电流；用来保护电动机时，电磁脱扣器的瞬时脱扣整定电流为电动机起动电流的1.7倍。

4. 组合开关

组合开关主要作为引入开关，所以也称电源隔离开关。它也可以起、停 5kW 以下的异步电动机，但每小时的接通次数不宜超过 20 次，开关的额定电流一般取电动机额定电流的 (1.5~2.5) 倍。

组合开关主要根据电源种类、电压等级、所需触点数及其控制的电动机容量进行选用。

5. 电源开关联锁机构

电源开关联锁机构与相应的断路器和组合开关配套使用，用于电源接通与断开以及柜门开关联锁，达到在切断电源后打开门、将门关闭后才能接通电源的效果，以起到安全保护作用。

（二）熔断器的选用

选择熔断器主要是选择熔断器的种类、额定电压、额定电流及熔体的额定电流。额定电压是根据所保护电路的电压来选择的。

熔体电流的选择是熔断器选择的核心，对于照明电路等没有冲击电流的负载，应使熔体的额定电流大于或等于电路工作电流 I，即

$$I_R \geq I$$

式中　I_R——熔体额定电流（A）；

I——工作电流（A）。

对于一台异步电动机，由一个熔断器保护，熔体的额定电流按式（11-1）选择

$$I_R = (1.5 \sim 2.5)I_N \qquad 或 \qquad I_R = \frac{I_{st}}{2.5} \tag{11-1}$$

式中　I_N——电动机的额定电流（A）；

I_{st}——异步电动机起动电流（A）。

对于多台电动机，由一个熔断器保护，熔体的额定电流按式（11-2）选择

$$I_R \geq \frac{I_m}{2.5} \tag{11-2}$$

式中　I_m——可能出现的最大电流（A）。

如果由一个熔断器保护的每台电动机单独起动，则 I_m 为容量最大一台电动机起动电流加上其他电动机的额定电流。

例：两台电动机不同时起动，一台电动机额定电流为 14.6A；一台电动机额定电流为 4.64A，起动电流都为额定电流的 7 倍。则熔体的额定电流为

$$I_R \geq \frac{14.6 \times 7 + 4.64}{2.5}A = 42.74A$$

可选用 R11-60 型熔断器，配用 50A 的熔体。

（三）热继电器的选用

热继电器用于电动机的过载保护，主要是根据电动机的额定电流来确定其型号与规格。热继电器元器件的额定电流 I_{RT} 应接近或略大于电动机的额定电流 I_N，即

$$I_{RT} = (0.95 \sim 1.05)I_N \tag{11-3}$$

热继电器的整定电流值是指热元器件通过的电流超过此值的 20% 时，热继电器应当在 20min 内动作。选用时整定电流应与电动机额定电流一致。

（四）接触器的选用

接触器用于带有负载主电路的自动接通或切断，分直流、交流两类，机床中应用最多的是交流接触器。

选择接触器主要考虑以下技术数据：

1）电源种类：交流或直流。

2）主触点额定电压、额定电流。

3）辅助触点种类、数量及触点额定电流。

4）电磁线圈的电源种类、频率和额定电压。

5）额定操作频率（次/h），即允许的每小时接通的最多次数。

其中，主触点额定电流一般根据电动机功率 P 计算，即：

$$I_c \geq \frac{P \times 10^3}{KU_d} \tag{11-4}$$

式中　K——经验常数，一般取 $1 \sim 1.4$；

　　　P——电动机功率（kW）；

　　　U_d——电动机额定线电压（V）；

　　　I_c——接触器主触点电流（A）。

（五）中间继电器的选用

中间继电器主要在电路中起信号传递与转换作用，用它可实现多路控制，并可将小功率的控制信号转换为大容量的触点动作，以驱动电器执行元器件工作。中间继电器触点多，可以用来扩充其他电器的控制作用。

选用中间继电器时主要依据控制电路的电压等级，同时还要考虑触点的数量、种类及容量是否满足控制电路的要求。

（六）时间继电器的选用

时间继电器是机床中常用电器之一，它是控制电路中的延时元件。

选择时间继电器，主要考虑控制电路所需要的延时触点的延时方式（通电延时还是断电延时）以及瞬时触点的数目，根据不同的适用条件选择不同类型的电器。

 趣味设计　一次进给延时停留自动工作循环设计

 思考四

前面的设计原则都太抽象了，能举例说明一下吗？

下面以表10-3中的一次工作进给延时停留自动工作循环为例说明电气原理图的设计方法。

在钻、扩、镗、加工盲孔及刮端面时常常要求能自动完成一次工作进给，即从原位开始，经快进、工进、延时停留、快退，回到原位停止，如图11-1所示。

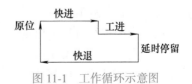

图 11-1　工作循环示意图

1. 设计主电路

由工艺要求可知，需要两台电动机：工进电动机和快进电动机，因为有快退功能，所以要求快进电动机有正反转控制，没有起动、调速和制动的电气要求。现设工进电动机为 M1，由接触器 KM1 主触点控制直接起动；快进电动机 M2，由接触器 KM2 主触点控制正转，接触器 KM3 主触点控制其反转。因此主电路设计如图 11-2 所示，FR1、FR2 分别为 M1 和 M2 的过载保护热继电器。

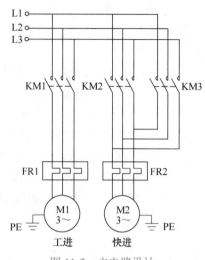

图 11-2 主电路设计

2. 设计控制电路

分析图 11-1 所示的工作循环可知，要求控制系统能自动完成一次工作循环，因此需要有起动按钮，设为 SB1。为了完成各个工作状态的转换，需要使用限位开关，分别设在原位、快进转工进位和工进终点放置行程开关 SQ1、SQ2、SQ3。

首先画出能完成一次工作循环控制电路主干电路框架，如图 11-3 所示。

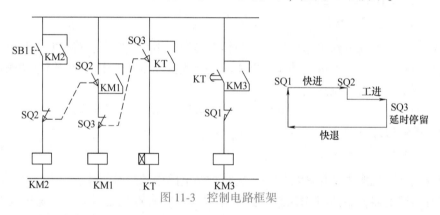

图 11-3 控制电路框架

设计能完成基本工作循环后，再加必要的联锁。一是快进电动机正、反转需要互锁，即 KM2 和 KM3 需要互锁；二是时间继电器 KT 一直得电动作是不必要的，在接触器 KM3 得电动作后让 KT 复位，将 KM3 的辅助常闭触点串联到 KT 线圈电路即可实现；三是一般情况下只有主轴电动机工作才允许进给电动机运行，因此在电路中要串入控制主轴电动机的接触器 KM 的辅助常开触点，如图 11-4 所示。

添加完联锁后再考虑必要的保护环节：加熔断器 FU4 实现控制电路的短路保护，FR1、FR2 常闭触点串入控制电路实现电动机 M1 和 M2 的过载保护，复位按钮和接触器 KM1~KM3 的自锁组合实现失电压和零电压保护。为了防止工作台越位，在工进终点极限位置一般设有超行程保护开关 SQ4。增加联锁和保护环节后的控制电路如图 11-5 所示。

在工作台进给过程中出现故障需要停车或者因超越行程而停止在终点位置时，应该能让工作台回到原位，以备维修后再次起动，因此需要增加手动快退功能，一般使用复式按钮，手动控制 KM3 接触器实现快退。这样经过反复修改后，一次进给延时停留的自动工作循环的控制电路电气原理图设计完成，最终的控制电路如图 11-6 所示。

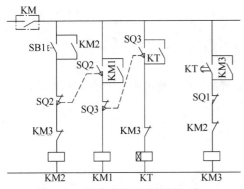

图 11-4　增添联锁后的控制电路

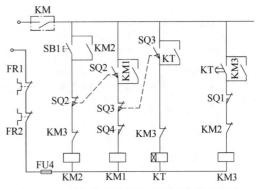

图 11-5　增加联锁和保护环节后的控制电路

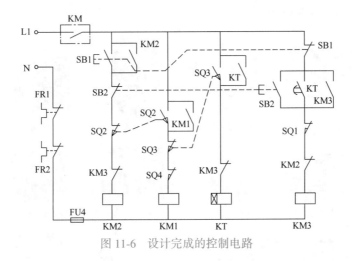

图 11-6　设计完成的控制电路

温馨
提示

遵守安全操作规程

电路设计时注意电器触点的使用量不要超过限定对数。

电路设计完毕后，要进行总体校核，检查是否存在不合理、遗漏或者进一步简化的可能。检查内容包括控制电路是否满足拖动要求，触点使用是否超出允许范围，必要的联锁和保护，电路工作是否可靠等。

▶ **项目实施**　PLC 控制的 X6132 型卧式万能铣床改造

思考五

常听说 PLC 可以控制电器，电气控制和可编程控制器都已经学过了，但是两门课程是怎样结合在一起的呢？

1. 会用 PLC 控制方法改造 X6132 型卧式万能铣床控制电路，培养设计能力。
2. 能合理分配 PLC 的 I/O，培养逻辑思维能力。
3. 能用 PLC 控制 X6132 型卧式万能铣床，培养解决实际问题的能力，培养编程能力。
4. 遵守安全操作规程，养成精益求精的工匠精神。

一、清点器材

项目所需的实训器材包括断路器 1 个、熔断器 4 个、接触器 6 个、热继电器 3 个、按钮 4 个、转换开关 9 个、PLC1 台、三相异步电动机 3 台、信号灯 3 个、万用表 1 块、工具 1 套、导线若干，如图 11-7 所示。

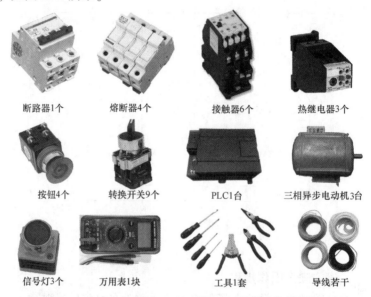

断路器1个　　熔断器4个　　接触器6个　　热继电器3个

按钮4个　　转换开关9个　　PLC1台　　三相异步电动机3台

信号灯3个　　万用表1块　　工具1套　　导线若干

图 11-7　PLC 控制的 X6132 型卧式万能铣床实训器材

二、控制要求分析

分析 X6132 型卧式万能铣床电气控制要求。

1）考虑实验室的设备情况，一般没有速度继电器，因此将主电动机 M1 反接制动改为无制动，将主电动机正反转由转换开关控制改为用电气方法实现。

2）铣床控制电路及照明灯均采用 220V 供电，省略变压器。

3）工作台的纵向、横向和垂直 3 个方向的进给运动由一台进给电动机 M2 拖动，3 个方向的选择由 6 个转换开关来实现。每个方向有正、反双向运动，即要求 M2 能正反转。同一时间只允许工作台向 1 个方向移动，故 3 个方向的运动之间应有联锁保护。使用圆工作台时，要求圆工作台的旋转运动与工作台的上下、左右、前后 3 个方向的运动之间有联锁控制，即圆工作台旋转时工作台不能向其他方向移动。

4）为了缩短调整运动的时间，工作台应有快速移动控制，X6132 型卧式万能铣床是采用快速电磁铁吸合改变传动链的传动比来实现的，没有电磁铁可以用信号灯模拟来代替电磁阀线圈 YB。

5）根据工艺要求，主轴旋转与工作台进给应有先后顺序控制，即进给运动要在铣刀旋转之后才能进行，加工结束必须在铣刀停转前停止进给运动。

三、主电路改造设计

根据电气控制要求，主电路有三台电动机，如图 11-8 所示。其中 M1 为主轴电动机，由 KM3 和 KM2 的主触点分别控制其正、反转；M2 为进给电动机，由 KM4 和 KM5 的主触点分别控制其正、反转；KM6 的主触点控制快移电磁铁 YA；M3 为冷却电动机，由 KM1 的主触点控制。HL 为电源指示灯，EL 是照明灯。

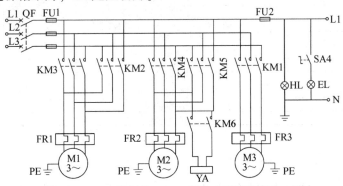

图 11-8　PLC 控制的 X6132 型卧式万能铣床主电路

> **温馨提示**
>
> **遵守安全操作规程**
>
> 1）设计电气原理图，先设计主电路，再设计控制电路、照明电路、电源指示灯电路。设计控制电路时先进行 PLC 的 I/O 分配，并注意各台电动机的热继电器过载保护功能的不同。
>
> 2）在电气原理图上编号，注意不要重复编号和漏编，经指导教师检查无误后开始设计电气安装接线图，注意电器布局合理。
>
> 3）设计梯形图程序，注意要保留原来 X6132 所有的控制功能和联锁功能。
>
> 4）安装电器、布线时，要注意布线合理、正确，线号齐全，整个配电盘上的线号要保持一致。导线平直、美观，不交叉、不跨接。
>
> 5）调试前请指导教师协助仔细检查 PLC 电源接线，避免烧毁 PLC。
>
> 6）操作时要注意将 X6132 所有功能全部调试，尤其是 6 个方向直线进给控制，切记不可抽检。

四、PLC 的 I/O 口分配

根据项目 10 图 10-2 和上述的改造要求可知，X6132 型卧式万能铣床控制主轴电动机的控制按钮有 3 个，分别为正转 SB1、反转 SB2 和停车 SB3。控制进给电动机的有 7 个转换开关和 1 个控制按钮 SB4，其中转换开关分别控制 6 个直线进给方向和圆工作台方式，控制按钮控制快速进给。控制冷却电动机的是 1 个转换开关。这 12 个主令电器占用 12 个 PLC 的输入点，端口分配见表 11-1。6 个接触器 KM1～KM6 与 PLC 的输出点相连，端口分配见表 11-1。

照明电路的转换开关不需要通过 PLC 控制。

这里使用的 PLC 是西门子公司 S7-200，该 PLC 有 14 个输入点，10 个输出点。

表 11-1　I/O 口分配

序号	状态	名称	作用	I/O 口分配	备注
1	输入	按钮 SB1	M1 正转	I0.0	控制 KM3
2	输入	按钮 SB2	M1 反转	I0.1	控制 KM2
3	输入	按钮 SB3	M1 停车	I0.2	
4	输入	按钮 SB4	快速电动机工作	I0.3	控制 KM6
5	输入	转换开关	左，控制 M2 反转	I0.4	
6	输入	转换开关	后，控制 M2 反转	I0.7	控制 KM5
7	输入	转换开关	上，控制 M2 反转	I1.0	
8	输入	转换开关	下，控制 M2 正转	I1.1	
9	输入	转换开关	右，控制 M2 正转	I0.5	
10	输入	转换开关	前，控制 M2 正转	I0.6	控制 KM4
11	输入	转换开关 SA1	圆工作台工作方式，控制 M2 正转	I1.2	
12	输入	转换开关 SA3	控制冷却电动机	I1.3	控制 KM1
13	输出	1	冷却电动机工作	Q0.4	KM1$^+$
14	输出	2	主电动机反转	Q0.0	KM2$^+$
15	输出	3	主电动机正转	Q0.1	KM3$^+$
16	输出	4	进给电动机正转	Q0.2	KM4$^+$
17	输出	5	进给电动机反转	Q0.3	KM5$^+$
18	输出	6	快速电动机工作	Q0.5	KM6$^+$

五、控制电路设计

原 X6132 型卧式万能铣床的电气控制原理如图 10-2 所示，该电路的控制功能在这里都是通过 PLC 编程控制的。热继电器、熔断器是不能用 PLC 程序代替的保护电器，接触器用来控制电动机，也不能代替。PLC 控制的 X6132 型卧式万能铣床控制电路如图 11-9 所示。

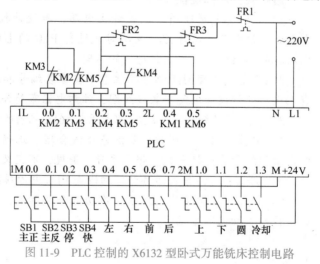

图 11-9　PLC 控制的 X6132 型卧式万能铣床控制电路

六、接线电路设计

根据电气控制要求设计主电路、控制电路和照明电路，并在电气原理图上对每一个电器重新编号，注意不要漏编和重复。经检查无误后，按照电气原理图上的编号设计电气元件布置图和电气安装接线图，PLC 控制的 X6132 型卧式万能铣床接线图如图 11-10 所示。

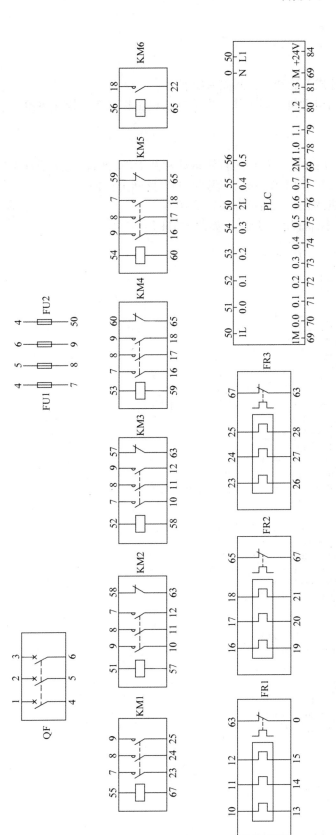

图11-10　PLC控制的X6132型卧式万能铣床接线图

七、PLC 梯形图设计

图 10-2 中实现的 X6132 型卧式万能铣床控制关系如下：

1）主轴电动机起动之后进给电动机才能工作；进给电动机工作之后，快速进给电动机才能工作。

2）圆工作台没有快速进给。

3）6 个方向（上、下、前、后、左、右）的直线运动和圆工作台的转动这 7 种工作方式彼此联锁，也就是每次只能选择一种工作方式，否则控制电路断电保护。

4）主轴电动机、进给电动机的正、反转都需要彼此互锁。

根据这些联锁关系写出 PLC 控制程序梯形图，如图 11-11 所示。

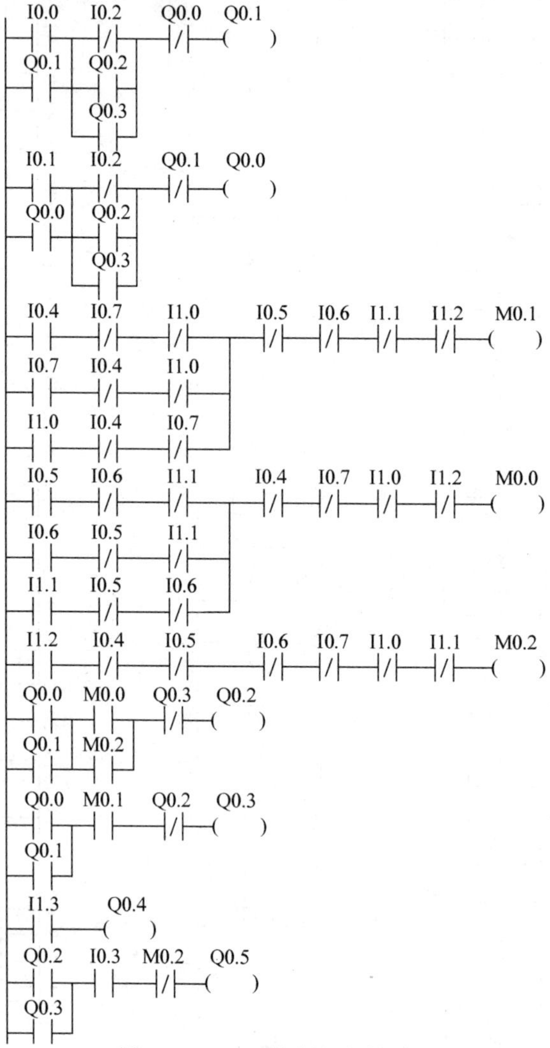

图 11-11　PLC 控制程序梯形图

八、电器安装、布线、调试

电器安装、布线、调试，得到的电路实物图如图 11-12 所示。

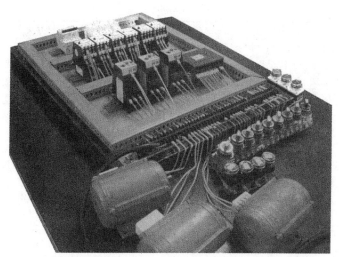

图 11-12　PLC 控制的 X6132 型卧式万能铣床电气控制电路实物图

知识拓展

养成精益求精的工匠精神

　　"精益求精"是一种品质、一种能力、一种素养、一种要求。成功的人生源于对"精"的追求，一个人有了"精"的理念，就会有"精"的追求、"精"的目标、"精"的行动，就一定会出成果、出精品，脱颖而出；就一定会出类拔萃成人才，赢得成功人生。

　　工作态度折射人生态度，人生态度决定人生成就。在 PLC 控制的 X6132 型卧式万能铣床设计过程中，精益求精的工作态度会驱使设计者认真研究设计要求，深入下去，不断精进，最后设计出清晰、准确、规范、易读的设计方案。由此可见，精益求精的工作态度，可以塑造至善至美的职业品质。

思考六

在这个实训中经常会遇到哪些故障呢？

 常见故障现象与检修方法

　　PLC 控制的 X6132 型卧式万能铣床电气控制电路常见故障现象与相应的检修方法见表 11-2。

表 11-2　常见故障现象与相应的检修方法

序号	故障现象	检修方法
1	QF 合上，电源指示灯和 PLC 指示灯均不亮	①检查熔断器熔体状态 ②检查电源是否有电加入

（续）

序号	故障现象	检修方法
2	QF 合上,电源指示灯亮,PLC 指示灯不亮	检查 PLC 电源是否接错
3	QF 合上,电源指示灯不亮,PLC 指示灯亮	检查电源指示灯 HL 是否损坏或者接错
4	QF 合上,PLC 指示灯为黄色	将 PLC 状态调到工作状态"run"
5	QF 合上,PLC 冒烟	PLC 电源接错,立即切断电源
6	按下控制按钮,接触器没有动作	①观察 PLC 相对应的输出口指示灯是否亮,如果亮,则是 PLC 输出到中性线之间的接触器接错 ②如果 PLC 没有输出,观察 PLC 输入点指示灯是否亮,如果不亮说明按钮接错,否则再观察该按钮与该路输入是否与设计时分配的输入口一致 ③如果确认没有输出且输入口又没有错,请检查上传下载的程序
7	按下控制按钮,接触器得电动作,但是电动机没有工作	检查相应主电路是否有缺相、断路、接错等故障
8	部分功能没有实现	①检查 PLC 输入的主令电器是否使用了分配的输入口 ②检查输入主令电器是否正常 ③结合设计图纸分析,该部分是否有设计错误
9	起动后,接触器动作,但电动机不动或者嗡嗡响,转动不流畅	检查电动机是否存在缺相问题

 项 目 评 价

项目评价见表 11-3。

表 11-3　PLC 控制的 X6132 型卧式万能铣床电气控制考核要求及评分标准

考核内容	考核要求	配分	评分标准	扣分	自评	小组评	教师评
安装电器	检查电器好坏 正确安装电器	10 分	电气元件漏检每处扣 2 分; 布局不合理不准确扣 5 分;每错 1 处扣 0.5 分				
接线	布线合理、正确 线号齐全	30 分	每 1 处不合格扣 1 分				
	导线平直、美观,不交叉,不跨接		布线不美观、导线不平直、交叉架空跨接每处扣 1 分				
	接线正确、牢固		裸露导线过长或者接点压接不紧,每处扣 1 分				
试车	I/O 口分配	45 分	每错 1 处扣 2 分				
	梯形图设计及调试		不正确 1 次扣 2 分				
	通电试车成功		1 次不成功扣 5 分				
文明操作	工作台面清洁、工具摆放整齐	10 分	凡违反有关规定,酌情扣 2~4 分,但对发生严重事故者,取消实训资格				
时间	30h 按时完成	5 分	每超时 1h 酌情扣 3~5 分				
总分		100 分					

 项目总结

1）电气控制设计，一般包含两个方面：一个是满足生产机械和工艺的各种控制要求，即原理设计；另一个是满足电气控制装置本身的制造、使用以及维修的需要，即工艺设计。

2）工艺设计的主要目的是便于组织电气控制装置的制造，实现原理设计要求的各项技术指标，并为设备的调试、维护、使用提供必要的图样资料。

3）电气控制设计中应遵循的原则：

① 最大限度满足生产机械和工艺对电气控制的要求。

② 在满足控制要求的前提下，设计方案应力求简单、经济。

③ 妥善处理机械与电气的关系。

④ 正确合理地选择电气元件。

⑤ 确保使用安全、可靠。

⑥ 造型美观，使用、维护方便。

4）电路设计时注意电器触点的使用量不要超过限定对数。

5）电路设计完毕后，要进行总体校核，检查是否存在不合理、遗漏或者进一步简化的可能。检查内容包括控制电路是否满足拖动要求，触点使用是否超出允许范围，是否有必要的联锁和保护，电路工作是否可靠等。

6）设计控制电路时应注意遵循以下规律：

① 几个条件中只要有一个条件满足接触器线圈就通电，可以采用并联接法（"或"逻辑）。

② 只有所有条件都具备时接触器才得电，可采用串联接法（"与"逻辑）。

③ 要求第一个接触器得电后第二个接触器才能得电（或不允许得电），可以将前者常开（或常闭）触点串接在第二个接触器线圈的控制电路中，或者将第二个接触器控制线圈的电源从前者的自锁触点后引入。

④ 连续运转与点动控制的区别仅在于自锁触点是否起作用。

 项 目 评 测

项目评测内容请扫描二维码。

附录

附录 A 电气图常用图形符号和文字符号

编号	名称	图形符号 (GB/T 4728—2008~2018)	文字符号 (GB/T 7159—1987)	编号	名称	图形符号 (GB/T 4728—2008~2018)	文字符号 (GB/T 7159—1987)
1	直流			7	熔断器		FU
	交流			8	发电机	Ⓖ	G
2	导线的连接	或			直流发电机	Ⓖ	GD
	导线的多线连接	或			交流发电机	Ⓖ	GA
	导线的不连接			9	电动机	Ⓜ	M
3	接地一般符号		E		直流电动机	Ⓜ	MD
4	电阻器一般符号		R		交流电动机	Ⓜ	MA
5	电容器一般符号		C		三相笼型异步电动机	Ⓜ3~	M
	极性电容器				三相绕线转子异步电动机	Ⓜ3~	
6	半导体二极管		V		直流串励电动机	Ⓜ	MD

（续）

编号	名称	图形符号 (GB/T 4728— 2008~2018)	文字符号 (GB/T 7159— 1987)	编号	名称	图形符号 (GB/T 4728— 2008~2018)	文字符号 (GB/T 7159— 1987)
9	直流他励 电动机		MD	11	三极隔离开关		Q
	直流并励 电动机				限位开关		
				12	带动合触点的 位置开关		SQ
	直流复励 电动机				带动断触点的 位置开关		
10	单相变压器		T		组合位置开关		
	控制电路电 源用变压器	或	TC		按钮		
	照明变压器		T	13	带动合触点 的按钮		SB
	整流变压器				带动断触 点的按钮		
	三相自耦变压 器星形联结		T		带动合和动断 触点的按钮		
11	单级开关		Q		接触器		
	三极开关			14	线圈		KM
	刀开关				动合(常开) 触点		
	组合开关						
	手动三极开关 一般符号				动断(常闭) 触点		

（续）

编号	名称	图形符号 （GB/T 4728— 2008～2018）	文字符号 （GB/T 7159— 1987）	编号	名称	图形符号 （GB/T 4728— 2008～2018）	文字符号 （GB/T 7159— 1987）
15	动合(常开) 触点		符号 同操作元件	16	热继电器 驱动器件		FR
	动断(常闭) 触点				热继电器的 常闭触点		
	延时闭合的 动合触点		KT	17	电磁铁		YA
	延时断开的 动合触点				电磁吸盘		YH
	延时闭合的 动断触点				插头和插座		X
	延时断开的 动断触点				照明灯		EL
	延时 动合触点				信号灯		HL
	延时闭合和 延时断开的 动断触点				电抗器	或	L
	时间继电 器线圈 （一般符号）			18	限定符号		
	中间继电 器线圈		KA			接触器功能	
						位置开关功能	
	欠电压继 电器线圈	$U<$	KV			隔离开关（隔离器）功能	
						隔离开关功能	
	过电流继 电器的线圈	$I>$	KI	19		一般情况下手动操作	
						旋转操作	
						推动操作	

附录 B　项目实训报告

使用接触器控制信号起停项目实训报告

一、实训目的

二、元件清单

序号	元件名称	国标符号	规格型号	数量
1				
2				
3				
4				
5				
6				
7				
8				
9				
10				

三、实训电路

四、评价表

考核内容	考核要求	配分	评分标准	扣分	自评	小组评	教师评
接线	布线合理、正确	55分	每错1处扣2分				
	导线平直、美观,不交叉,不跨接		布线不美观、导线不平直、交叉架空跨接,每处扣1分				
	接线正确、牢固		裸露导线过长或者接点压接不紧,每处扣1分				
调试	调试尽量一次成功信号灯指示正常	30分	试运行步骤方法不正确扣2~4分;试运行1次不成功扣10分,3次不成功此项不得分				
文明操作	工作台面清洁、工具摆放整齐	10分	凡违反有关规定,酌情扣2~4分,但对发生严重事故者,则取消实训资格				
时间	1h 按时完成	5分	每超时5min酌情扣3~5分				
总分		100分					

五、实训总结 (你遇到什么难题？如何解决的？有什么感受或者收获？)

使用时间继电器控制信号延时起停项目实训报告

一、实训目的

二、元件清单

序号	元件名称	国标符号	规格型号	数量
1				
2				
3				
4				
5				
6				
7				
8				
9				
10				

三、实训电路

四、评价表

考核内容	考核要求	配分	评分标准	扣分	自评	小组评	教师评
接线	布线合理、正确	55分	每错1处扣2分				
	导线平直、美观,不交叉,不跨接		布线不美观、导线不平直、交叉架空跨接,每处扣1分				
	接线正确、牢固		裸露导线过长或者接点压接不紧,每处扣1分				
调试	时间继电器未设定或设定错误	30分	每错1处扣4分				
	通电试车成功		1次不成功扣10分,3次不成功本项不得分				
文明操作	工作台面清洁、工具摆放整齐	10分	凡违反有关规定,酌情扣2~4分,但对发生严重事故者,则取消实训资格				
时间	1h按时完成	5分	每超时5min酌情扣3~5分				
总分		100分					

五、实训总结 (你遇到什么难题？如何解决的？有什么感受或者收获?)

三相笼型异步电动机全压起动控制项目实训报告

一、实训目的

二、元件清单

序号	元件名称	国标符号	规格型号	数量
1				
2				
3				
4				
5				
6				
7				
8				
9				
10				

三、实训电路

四、评价表

考核内容	考核要求	配分	评分标准	扣分	自评	小组评	教师评
接线	布线合理、正确	55分	每错1处扣2分				
	导线平直、美观,不交叉,不跨接		布线不美观、导线不平直、交叉架空跨接,每处扣1分				
	接线正确、牢固		裸露导线过长或者接点压接不紧,每处扣1分				
试车	试车尽量一次成功,电动机空载运转正常	30分	试运行步骤方法不正确扣2~4分;试运行1次不成功扣10分,3次不成功此项不得分				
文明操作	工作台面清洁、工具摆放整齐	10分	凡违反有关规定,酌情扣2~4分,但对发生严重事故者,则取消实训资格				
时间	1.5h按时完成	5分	每超时5min酌情扣3~5分				
总分	100分						

五、实训总结（你遇到什么难题？如何解决的？有什么感受或者收获？）

三相笼型异步电动机正反转控制项目实训报告

一、实训目的

二、元件清单

序号	元件名称	国标符号	规格型号	数量
1				
2				
3				
4				
5				
6				
7				
8				
9				
10				

三、实训电路

四、评价表

考核内容	考核要求	配分	评分标准	扣分	自评	小组评	教师评
接线	布线合理、正确,导线平直、美观	25分	不符合要求每处扣2分;布线不美观扣5~8分				
	接线正确、牢固	20分	接触不良,每处扣2~4分				
	电路接线正确,互锁保护齐全	20分	接线有错,每处扣4分;控制功能不全,每处扣4分				
试车	电动机正反转运转正常	20分	试运行的步骤方法不正确扣2~4分;经2次试运行才成功扣10分,3次不成功扣20分				
文明操作	工作台面清洁、工具摆放整齐	10分	凡违反有关规定,酌情扣2~4分,但对发生严重事故者,取消实训资格				
时间	3h按时完成	5分	每超时5min酌情扣3~5分				
总分	100分						

五、实训总结 (你遇到什么难题? 如何解决的? 有什么感受或者收获?)

三相笼型异步电动机自动往复循环控制项目实训报告

一、实训目的

二、元件清单

序号	元件名称	国标符号	规格型号	数量
1				
2				
3				
4				
5				
6				
7				
8				
9				
10				
11				
12				

三、实训电路

四、评价表

考核内容	考核要求	配分	评分标准	扣分	自评	小组评	教师评
接线	布线合理、正确,导线平直、美观	25分	不符合要求每处扣2分;布线不美观扣5~8分				
	接线正确、牢固	20分	接触不良,每处扣2~4分				
	电路接线正确,互锁保护齐全	20分	接线有错,每处扣4分;控制功能不全,每处扣4分				
试车	模拟电动机自动往返运转正常	20分	试运行的步骤方法不正确扣2~4分;经2次试运行才成功扣10分,3次不成功扣20分				
文明操作	工作台面清洁、工具摆放整齐	10分	凡违反有关规定,酌情扣2~4分,但对发生严重事故者,则取消实训资格				
时间	3h按时完成	5分	每超时5min酌情扣3~5分				
总分		100分					

五、实训总结（你遇到什么难题？如何解决的？有什么感受或者收获?）

三相笼型异步电动机定子串电阻减压起动控制项目实训报告

一、实训目的

二、元件清单

序号	元件名称	国标符号	规格型号	数量
1				
2				
3				
4				
5				
6				
7				
8				
9				
10				

三、实训电路

四、评价表

考核内容	考核要求	配分	评分标准	扣分	自评	小组评	教师评
检查电器	正确选用电器 检查电器好坏	10 分	电气元件漏检每处扣 2 分; 布局不合理、不准确扣 5 分				
接线	布线合理、正确	45 分	每错 1 处扣 2 分				
	导线平直、美观,不交叉,不跨接		布线不美观、导线不平直、交叉架空跨接,每处扣 1 分				
	接线正确、牢固		裸露导线过长或者接点压接不紧,每处扣 1 分				
试车	电器未整定或整定错误	30 分	每错 1 处扣 4 分				
	操作顺序正确		操作不正确扣 2~4 分				
	通电试车成功		1 次不成功扣 10 分,3 次不成功本项不得分				
文明操作	工作台面清洁、工具摆放整齐	10 分	凡违反有关规定,酌情扣 2~4 分,但对发生严重事故者,则取消实训资格				
时间	3h 按时完成	5 分	每超时 5min 酌情扣 3~5 分				
总分		100 分					

五、实训总结（你遇到什么难题？如何解决的？有什么感受或者收获？）

三相笼型异步电动机丫-△换接减压起动控制项目实训报告

一、实训目的

二、元件清单

序号	元件名称	国标符号	规格型号	数量
1				
2				
3				
4				
5				
6				
7				
8				
9				
10				
11				
12				

三、实训电路

四、评价表

考核内容	考核要求	配分	评分标准	扣分	自评	小组评	教师评
选用电器	正确选用电器 检查电器好坏	10分	电气元件漏检每处扣2分; 布局不合理、不美观扣5分				
接线	布线合理、正确	45分	每错1处扣2分				
	导线平直、美观,不交叉,不跨接		布线不美观、导线不平直、交叉架空跨接,每处扣1分				
	接线正确、牢固		裸露导线过长或者接点压接不紧,每处扣1分				
试车	电器未整定或整定错误	30分	每错1处扣4分				
	操作顺序正确 通电试车成功		试运行的步骤方法不正确扣2~4分;1次不成功扣10分,3次不成功本项不得分				
文明操作	工作台面清洁、工具摆放整齐	10分	凡违反有关规定,酌情扣2~4分,但对发生严重事故者,则取消实训资格				
时间	3h 按时完成	5分	每超时5min 酌情扣3~5分				
总分		100分					

五、实训总结 （你遇到什么难题？如何解决的？有什么感受或者收获?）

双速异步电动机调速控制项目实训报告

一、实训目的

二、元件清单

序号	元件名称	国标符号	规格型号	数量
1				
2				
3				
4				
5				
6				
7				
8				
9				
10				

三、实训电路

四、评价表

考核内容	考核要求	配分	评分标准	扣分	自评	小组评	教师评
选用电器	正确选用电器 检查电器好坏	10 分	选用电器不准确扣 5 分;电气元器件漏检每处扣 2 分				
接线	布线合理、正确	45 分	每错 1 处扣 2 分				
	导线平直、美观,不交叉,不跨接		布线不美观、导线不平直、交叉架空跨接,每处扣 1 分				
	接线正确、牢固		裸露导线过长或者接点压接不紧,每处扣 1 分				
试车	电器未整定或整定错误	30 分	每错 1 处扣 4 分				
	操作顺序正确		操作不正确扣 2~4 分				
	通电试车成功		1 次不成功扣 10 分,3 次不成功本项不得分				
文明操作	工作台面清洁、工具摆放整齐	10 分	凡违反有关规定,酌情扣 2~4 分,但对发生严重事故者,则取消资格				
时间	3h 按时完成	5 分	每超时 5min 酌情扣 3~5 分				
总分		100 分					

五、实训总结 （你遇到什么难题？如何解决的？有什么感受或者收获?）

三相异步电动机速度控制反接制动项目实训报告

一、实训目的

二、元件清单

序号	元件名称	国标符号	规格型号	数量
1				
2				
3				
4				
5				
6				
7				
8				
9				
10				
11				
12				

三、实训电路

四、评价表

考核内容	考核要求	配分	评分标准	扣分	自评	小组评	教师评
选用电器	正确选用电器检查电器好坏	10分	电气元件漏检每处扣2分;选用不准确扣5分				
接线	布线合理、正确	45分	每错1处扣2分				
	导线平直、美观,不交叉,不跨接		布线不美观、导线不平直、交叉架空跨接,每处扣1分				
	接线正确、牢固		裸露导线过长或者接点压接不紧,每处扣1分				
试车	电器未整定或整定错误	30分	每错1处扣4分				
	操作顺序正确		操作不正确扣2~4分				
	通电试车成功		1次不成功扣10分,3次不成功本项不得分				
文明操作	工作台面清洁、工具摆放整齐	10分	凡违反有关规定,酌情扣2~4分,但对发生严重事故者,则取消资格				
时间	3h按时完成	5分	每超时5min酌情扣3~5分				
总分		100分					

五、实训总结 （你遇到什么难题？如何解决的？有什么感受或者收获？）

三相异步电动机时间控制反接制动项目实训报告

一、实训目的

二、元件清单

序号	元件名称	国标符号	规格型号	数量
1				
2				
3				
4				
5				
6				
7				
8				
9				
10				
11				
12				

三、实训电路

四、评价表

考核内容	考核要求	配分	评分标准	扣分	自评	小组评	教师评
选用电器	正确选用电器 检查电器好坏	10分	选用不准确扣5分;电气元件漏检每处扣2分				
接线	布线合理、正确	45分	每错1处扣2分				
	导线平直、美观,不交叉,不跨接		布线不美观、导线不平直、交叉架空跨接,每处扣1分				
	接线正确、牢固		裸露导线过长或者接点压接不紧,每处扣1分				
试车	电器未整定或整定错误	30分	每错1处扣4分				
	操作顺序正确		操作不正确扣2~4分				
	通电试车成功		1次不成功扣10分,3次不成功本项不得分				
文明操作	工作台面清洁、工具摆放整齐	10分	凡违反有关规定,酌情扣2~4分,但对发生严重事故者,则取消资格				
时间	3h按时完成	5分	每超时5min酌情扣3~5分				
总分		100分					

五、实训总结（你遇到什么难题？如何解决的？有什么感受或者收获?）

CA6140 型卧式车床电气控制项目实训报告

一、实训目的

二、元件清单

序号	元件名称	国标符号	规格型号	数量
1				
2				
3				
4				
5				
6				
7				
8				
9				
10				

三、实训电路

四、评价表

考核内容	考核要求	配分	评分标准	扣分	自评	小组评	教师评
选用电器	检查电器好坏 正确选用电器 元器件明细表填写正确	10分	电气元件漏检,每处扣2分;选用电器不准确扣5分;每错1处扣0.5分				
接线	布线合理、正确、线号齐全	45分	每1处不合格处扣1分				
	导线平直、美观,不交叉,不跨接		布线不美观、导线不平直、交叉架空跨接,每处扣1分				
	接线正确、牢固		裸露导线过长或者接点压接不紧,每处扣1分				
试车	热继电器未整定或整定错误	30分	电器未整定或整定错误扣4分				
	操作顺序正确		操作不正确1次扣2分				
	通电试车成功		通电试车1次不成功扣10分,3次不成功本项不得分				
文明操作	工作台面清洁、工具摆放整齐	10分	凡违反有关规定,酌情扣2~4分,但对发生严重事故者,取消实训资格				
时间	3h按时完成	5分	每超时5min酌情扣3~5分				
总分		100分					

五、实训总结 （你遇到什么难题？如何解决的？有什么感受或者收获？）

两级电动机顺序起动控制项目实训报告

一、实训目的

二、元件清单

序号	元件名称	国标符号	规格型号	数量
1				
2				
3				
4				
5				
6				
7				
8				
9				
10				

三、实训电路

四、评价表

考核内容	考核要求	配分	评分标准	扣分	自评	小组评	教师评
选用电器	检查电器好坏 正确选用电器 元件明细表填写正确	10分	电气元件漏检每处扣2分；选用不准确扣5分；每错1处扣0.5分				
接线	布线合理、正确 线号齐全	45分	每1处不合格扣1分				
	导线平直、美观,不交叉,不跨接		布线不美观、导线不平直、交叉架空跨接,每处扣1分				
	接线正确、牢固		裸露导线过长或者接点压接不紧,每处扣1分				
试车	热继电器未整定或整定错误	30分	扣4分				
	操作顺序正确		操作不正确1次扣2分				
	通电试车成功		1次不成功扣10分,3次不成功本项不得分				
文明操作	工作台面清洁、工具摆放整齐	10分	凡违反有关规定,酌情扣2~4分,但对发生严重事故者,取消实训资格				
时间	3h 按时完成	5分	每超时5min 酌情扣3~5分				
总分		100分					

五、实训总结 （你遇到什么难题？如何解决的？有什么感受或者收获？）

两级电动机顺序起停控制项目实训报告

一、实训目的

二、元件清单

序号	元件名称	国标符号	规格型号	数量
1				
2				
3				
4				
5				
6				
7				
8				
9				
10				

三、实训电路

四、评价表

考核内容	考核要求	配分	评分标准	扣分	自评	小组评	教师评
选用电器	检查电器好坏 正确选用电器 元件明细表填写正确	10 分	电器漏检每处扣 2 分;选用电器不准确扣 5 分;每错 1 处扣 0.5 分				
接线	布线合理、正确 线号齐全	45 分	每 1 处不合格扣 1 分				
	导线平直、美观,不交叉,不跨接		布线不美观、导线不平直、交叉架空跨接,每处扣 1 分				
	接线正确、牢固		裸露导线过长或者接点压接不紧,每处扣 1 分				
试车	热继电器未整定或整定错误	30 分	扣 4 分				
	操作顺序正确		操作不正确 1 次扣 2 分				
	通电试车成功		1 次不成功扣 10 分,3 次不成功本项不得分				
文明操作	工作台面清洁、工具摆放整齐	10 分	凡违反有关规定,酌情扣 2~4 分,但对发生严重事故者,取消实训资格				
时间	3h 按时完成	5 分	每超时 5min 酌情扣 3~5 分				
总分		100 分					

五、实训总结（你遇到什么难题？如何解决的？有什么感受或者收获?）

PLC 控制的 X6132 型卧式万能铣床改造项目实训报告

一、实训目的

二、元件清单

序号	元件名称	国标符号	规格型号	数量
1				
2				
3				
4				
5				
6				
7				
8				
9				
10				
11				
12				

三、I/O 口分配

四、评价表

考核内容	考核要求	配分	评分标准	扣分	自评	小组评	教师评
安装电器	检查电器好坏 正确安装电器	10 分	电气元件漏检每处扣 2 分； 布局不合理不准确扣 5 分；每 错 1 处扣 0.5 分				
接线	布线合理、正确 线号齐全	30 分	每 1 处不合格处扣 1 分				
	导线平直、美观,不交 叉,不跨接		布线不美观、导线不平直、 交叉架空跨接每处扣 1 分				
	接线正确、牢固		裸露导线过长或者接点压 接不紧,每处扣 1 分				
试车	I/O 口分配	45 分	每错 1 处扣 2 分				
	梯形图设计及调试		不正确 1 次扣 2 分				
	通电试车成功		1 次不成功扣 5 分				
文明操作	工作台面清洁、工具摆 放整齐	10 分	凡违反有关规定,酌情扣 2~4 分,但对发生严重事故 者,取消实训资格				
时间	30h 按时完成	5 分	每超时 1h 酌情扣 3~5 分				
总分		100 分					

五、实训总结（你遇到什么难题？如何解决的？有什么感受或者收获？）

参 考 文 献

［1］ 人力资源和社会保障部教材办公室. 国家职业技能鉴定考试指导（维修电工）［M］. 2 版. 北京：中国劳动社会保障出版社，2016.

［2］ 俞艳，金国砥. 工厂电气控制［M］. 北京：机械工业出版社，2007.

［3］ 方承远，张振国. 工厂电气控制技术［M］. 3 版. 北京：机械工业出版社，2006.

［4］ 花有清，楼蔚松，曹胜任，应一镇. 电工实训课程教学中融入思政元素的实践［J］. 金华职业技术学院学报，2019，19（3）：28—31.

［5］ 纪安平，张秀，罗锦洁，王海宝. 机械类专业课程"课程思政"教育改革研究——以《电工学》课程为例［J］. 高教学刊，2020（8）：126—128.

［6］ 王建，赵金周. 电气设备安装与维修［M］. 北京：机械工业出版社，2007.

［7］ 瞿敏，张俊丽. 探讨课程思政走进实训教学课堂的途径——电工实训课程为例［J］. 农家科技，2019（7）：267.

［8］ 张鹏，信敬科，侯春. 《电工技术基础与技能》课程思政探索研究［J］. 知识经济，2019（24）：100—102.